嚴謹科學論文 搞笑趣味漫畫

奇妙量子世界

人人都能看懂的量子科學漫畫

墨子沙龍／著
Sheldon科學漫畫工作室／繪製

笛藤出版

序 言 一

2014年年底,「星際效應」在中國上映,我們全家去觀看了這部非常棒的科幻電影。觀看結束後,孩子們向我提出了許多關於黑洞和星際旅行的問題,有些我可以回答,有些我不能確定。2015年,我們邀請中國科學院高能物理研究所的張雙南教授來到中國科學技術大學,做了一場與「星際穿越」有關的科普報告。除了我們的教授和博士生們,還有很多家屬也來旁聽。

那場報告非常成功,無論是物理學專業的學生,還是沒有相關專業背景的聽眾,大家都被黑洞的知識深深地吸引。報告結束後,許多人圍繞著張雙南教授提問,也有人來詢問我關於量子通訊和量子計算的知識。讓我驚訝的是,來提問的大部分是中小學生,而且他們問題的水準很高,很多想法充滿想像力,並且顯示了他們對感興趣的知識頗有研究。

這引發了我的思考——如果我們能夠定期舉辦一個科普論壇,讓公眾和科學家們面對面,讓科學家們用通俗易懂的語言,解釋他們正在從事的趨勢型的科學,這不是非常棒嗎?

在一次午餐會議上,我們團隊的教授們確定了這個論壇的名字——墨子沙龍。墨子是中國的「科學聖地」,他在世界上首次提出了「光沿直線傳播」這一理論。中科大的原副校長錢臨照先生曾經致力於研究中國古代科學成就,並公正、嚴謹地總結了墨子的科研和社會貢獻,這讓我們驚喜地發現,原來在中國古代,也有如此偉大的科學家。出於這種文化自信,在我們的建議下,中科院將全球首顆量子科學實驗衛星命名為墨子號,以鼓勵更多年輕人繼承墨子的科學精神。

在舉辦活動的過程中,我們發現,只是報告還遠遠滿足不了大家對科學瞭解的需求。一次報告可以讓幾百人來現場聽,但是放到網路上以後,一小時的影片大家往往不能一直觀看下來。我們一直在思索更好的方式。墨子沙龍的工作人員朱燕南在一次活動中遇到了 Sheldon 科學漫畫工作室的專業漫畫家,交流之後他們一拍即合。正值團隊實現了首個超越早期經典電腦能力的光量子電腦原型機,於是墨子沙龍與 Sheldon 合作了第一篇漫畫《5分鐘看懂中國最新的量子電腦》,此後又陸續製作了數個關於團隊最新研究成果的漫畫,都收到了很好的效果。

漫畫是一種非常好的傳播形式。科學知識,尤其是趨勢科學,可能讓很多人望而卻步,而幽默風趣的圖畫和文字則讓人易於接受。墨子沙龍和 Sheldon 科學漫畫工作室聯合推出的量子系列科普漫畫,不僅受到公眾的喜愛,在科學界也擁有眾多粉絲。曾經有一位院士對《物理學家在絕對零度附近,觀察原子「戀愛」和分子「分手」》漫畫相關論文的作者趙博教授說,讀了這篇漫畫,就懂了他的工作了。有趣的是,這無形之中對科學家也有很大的幫助,在2018年舉辦的國際量子密碼大會上,量子密碼的倡導者之一 Brassard 教授就引用了我們製作的漫畫圖片。

現在,我們將這些漫畫集結成冊,希望它成為讀者手邊的一本輕鬆小品,或是身邊一位有趣的量子老師。如果有讀者從中發現難以抗拒的量子世界的魅力,立志要學習量子物理、從事量子科技研究,那麼科學的大門正為你敞開。

序言二

2016年，潘建偉院士在創辦墨子沙龍的時候，對墨子沙龍提出了三點期望：（1）要做嚴謹的科普；（2）不要做「曲高和寡」的科普；（3）要做國際化高水準的科普。因此，我們在邀請嘉賓、策劃科普主題的時候，都嚴格遵照這三點要求。量子力學揭示了微觀世界規律，與我們習以為常的生活經驗往往非常不同，特別是近年來，隨著中國本土的科學家在量子領域取得一系列進展，越來越多的普通人開始對量子科學產生興趣。然而，正確、有趣地對量子科學進行科普，其實是一件很難的事情，鮮有人做得到。幸運的是，墨子沙龍將嚴謹的量子物理學家和充滿才華的 Sheldon 科學漫畫工作室集結在一起，讓科學與藝術碰撞出了不一樣的火花。如果您是對量子力學感興趣，又擔心網路上關於量子力學的描繪玄之又玄，不知如何辨別的讀者，我們誠摯地向您推薦這本兼具科學性與可讀性的科普漫畫。

墨子沙龍

序言三

量子力學的標準表述通常由一行行數學公式組成，其中充滿了抽象的代數符號，還隱藏著陌生的運算規則。這些公式是如此抽象，以致於流行的量子力學教科書都很少用圖像化的語言去解釋它們，更不可能把它們畫成示意圖。在本書中，我們嘗試用漫畫的方式，展現量子力學的一部分原理和實驗。跟公式相比，這樣的展現一定還存在很多不貼切、不全面、不到位的地方。若有疏漏之處，還請讀者不吝指出。

Sheldon 科學漫畫工作室

致謝

這本書由兩個對科普具有熱忱和嚴謹工作態度的團隊——墨子沙龍和 Sheldon 科學漫畫工作室共同完成。

墨子沙龍在此致謝本書科普的有關量子通訊、量子計算等工作的論文作者們，感謝他們給予我們信任，將他們的工作成果交給我們進行科普。感謝在漫畫製作期間認真答疑、校對的科學工作者們，以下致謝名單按姓氏拼音排列：

曹原、陳宇翱、戴漢甯、李明翰、李宇懷、蔣一凡、廖勝凱、林梅、劉乃樂、劉洋、陸朝陽、潘建偉、彭承志、任繼剛、芮俊、王輝、吳玉林、徐飛虎、印娟、苑震生、張強、張文卓、趙博、鄭亞銳、朱曉波。

感謝 Sheldon 科學漫畫工作室的優秀藝術家們，是他們的創意和繪畫將這些晦澀的理論知識轉化為能讓普通人閱讀的漫畫，他們分別是：Sheldon、周源、牛貓、賞鑒、胡豆。

國家圖書館出版品預行編目(CIP)資料

奇妙量子世界：人人都能看懂的量子科學漫畫 / 墨子沙龍著；Sheldon
科學漫畫工作室繪製. -- 初版. -- 新北市：笛藤出版，2025.01
　　面；　公分
ISBN 978-957-710-948-4(平裝)
1.CST: 量子力學 2.CST: 漫畫
331.3　　　　　　113017123

2025年02月27日　初版第1刷　定價420元

著　　　者	墨子沙龍
繪　　　製	Sheldon科學漫畫工作室
總　編　輯	洪季楨
封面設計	王舒玗
編輯企劃	笛藤出版
發　行　所	八方出版股份有限公司
發　行　人	林建仲
地　　　址	新北市新店區寶橋路235巷6弄6號4樓
電　　　話	(02) 2777-3682
傳　　　真	(02) 2777-3672
總　經　銷	聯合發行股份有限公司
地　　　址	新北市新店區寶橋路235巷6弄6號2樓
電　　　話	(02) 2917-8022・(02) 2917-8042
製　版　廠	造極彩色印刷製版股份有限公司
地　　　址	新北市中和區中山路二段380巷7號1樓
電　　　話	(02) 2240-0333・(02) 2248-3904
印　刷　廠	皇甫彩藝印刷股份有限公司
地　　　址	新北市中和區中正路988巷10號
電　　　話	(02) 3234-5871
郵撥帳戶	八方出版股份有限公司
郵撥帳號	19809050

●內容提要
本書是關於量子資訊的科普漫畫，書中詳細介紹了潘建偉院士領導的中國科學技術大學量子資訊研究團隊在近幾年取得的研究進展，將十餘篇刊登於《自然》、《科學》等國際一流學術期刊的研究成果，以生動有趣的漫畫形式介紹給讀者，內容包括量子通訊、量子密碼、量子運算、量子模擬、量子糾纏等。本書非常適合對量子領域感興趣的讀者閱讀。

「本書簡體字版名為《奇妙量子世界：人人都能看懂的量子科學漫畫》(ISBN：978-115-51316-8)，由人民郵電出版社有限公司出版，版權屬人民郵電出版社有限公司所有，本書繁體版權中文版由人民郵電出版社有限公司授權台灣八方出版股份有限公司(笛藤)出版。未經本書原版出版者和本書出版者書面許可，任何單位和個人均不得以任何形式或手段，複製或傳播本書的部分或全部。」

●本書經合法授權，請勿翻印●

CONTENTS　目錄

第一章	他們從全球招募 10 萬人，向「上帝」發起攻擊	7
第二章	星光下的貝爾實驗	23
第三章	如何產生器件無關的量子亂數？	38
第四章	量子密碼學是怎麼來的？	56
第五章	5 分鐘看懂「墨子號」量子衛星的千公里級量子糾纏分發	72
第六章	量子衛星如何從千公里高空，把光子撒進地上的小鏡子裡？	85
第七章	物質的本質是資訊嗎？5 分鐘看懂中國地星量子隱形傳態實驗	101

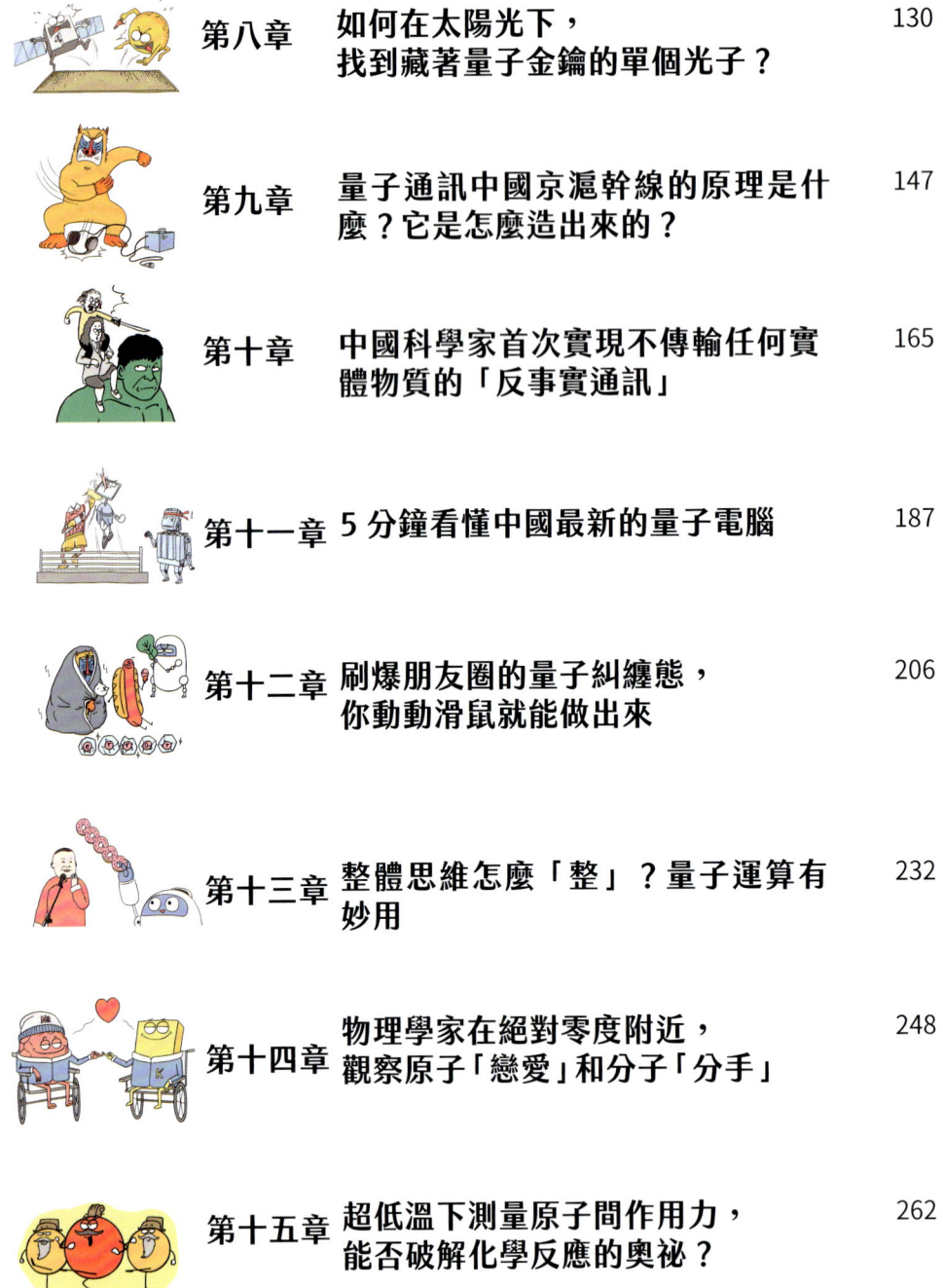

第八章	如何在太陽光下，找到藏著量子金鑰的單個光子？	130
第九章	量子通訊中國京滬幹線的原理是什麼？它是怎麼造出來的？	147
第十章	中國科學家首次實現不傳輸任何實體物質的「反事實通訊」	165
第十一章	5分鐘看懂中國最新的量子電腦	187
第十二章	刷爆朋友圈的量子糾纏態，你動動滑鼠就能做出來	206
第十三章	整體思維怎麼「整」？量子運算有妙用	232
第十四章	物理學家在絕對零度附近，觀察原子「戀愛」和分子「分手」	248
第十五章	超低溫下測量原子間作用力，能否破解化學反應的奧祕？	262

第一章

他們從全球招募 10 萬人，向「上帝」發起攻擊

 奇妙量子世界：人人都能看懂的量子科學漫畫

歐洲中部時間2016年11月30日至12月1日，分佈在世界各個角落的10萬個擁有自由意志的智慧生物──人類，自發地坐在電腦前，登錄了一個神祕的網站──。

「大貝爾實驗」（the big bell test）官方網站。隨後，他們進入一個類似神廟逃亡的小遊戲，認真地玩了起來。

表面上看，他們在沉迷遊戲，浪費生命。實際上，這個「遊戲」網站的伺服器，正在將他們玩遊戲過程中即時輸入的大量資料收集起來，透過物理學家開展的一場「大貝爾實驗」，向「上帝」發起攻擊！

「大貝爾實驗」之所以向「上帝」發起攻擊，是想弄清楚愛因斯坦口中的那個等同於物理定律的「上帝」，是不是真的「不擲骰子」，是不是真的創造了一個完全隨機的量子世界。

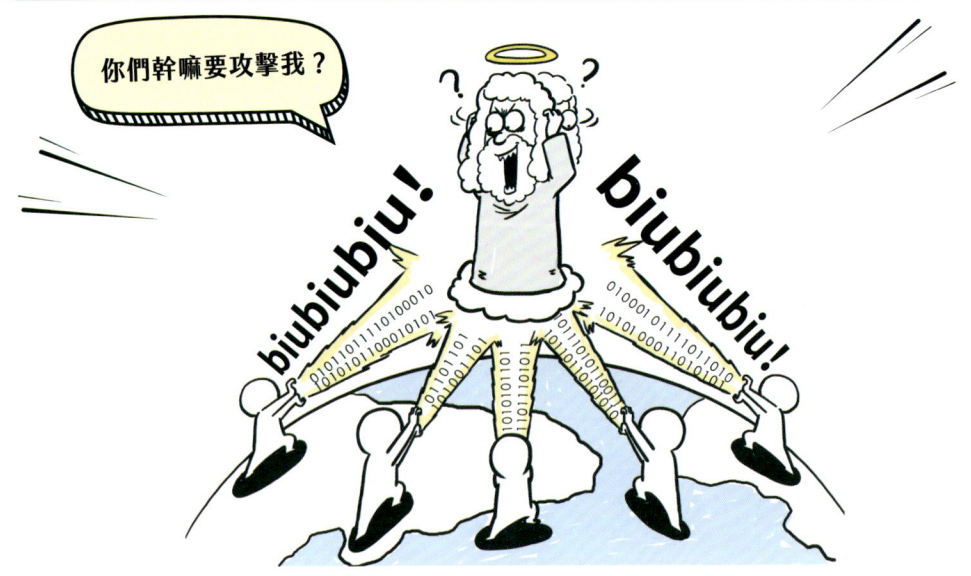

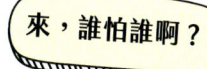

第一章

在 90 多年前，一群物理學家基於微觀粒子世界的實驗現象，總結出了一套全新的物理定律，這就是**量子力學**。

愛因斯坦也是量子力學的倡導者之一，但量子力學創立沒多久，他就和量子力學的另一個「大股東」波爾發生了激烈的爭論。這是因為，在量子力學的實驗中，物理學家從一模一樣的初始條件出發，總是會隨機地得到不同的結果。

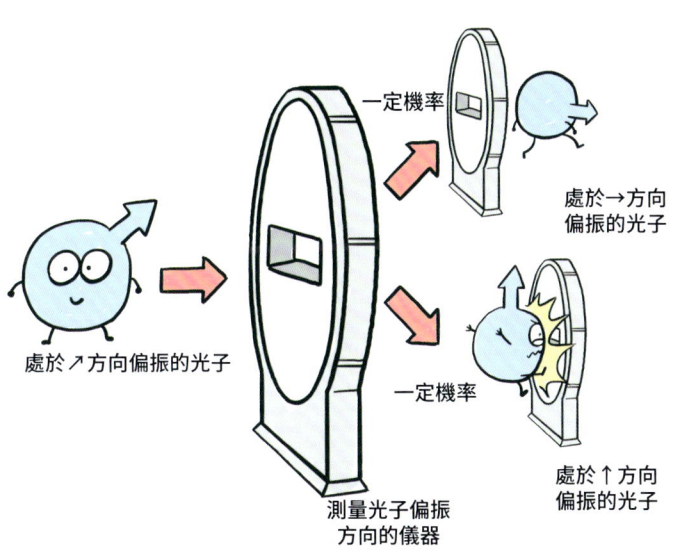

例如，如果一個光子處於↑方向偏振和→方向偏振的疊加狀態中，那麼當物理學家在放置一個沿著水準方向測量光子偏振的儀器時，儀器就會有一定概率測出→偏振的結果，以一定概率測出↑偏振的結果。每次實驗得到什麼結果，看起來都是隨機的。

9

奇妙量子世界：人人都能看懂的量子科學漫畫

按照愛因斯坦的理解，這種隨機性是一種表面現象。在它的背後，存在一種人類還不知道的「局域隱變數」。一旦我們弄懂了這種變數，就可以完全計算出每一次實驗的「隨機結果」，量子力學裡並不存在真正的隨機。也就是說，愛因斯坦認為「上帝」不擲骰子。

波爾的看法剛好相反。他認為，世界上不存在「局域隱變數」。量子力學的隨機不是偽裝的隨機，而是任何手段都無法操縱的真隨機。換句話說，「上帝」肯定會擲骰子。

第一章

這兩個人吵了很久,誰也說服不了誰。直到 1955 年愛因斯坦去世,他們都沒吵出結果。為了搞清楚是愛因斯坦說的對,還是波爾說的對,在 1964 年,物理學家約翰·貝爾提出了一種用實驗檢查量子隨機性的方法。

如果愛因斯坦說得對,那麼測量結果就會滿足一個不等式,叫作貝爾不等式,能夠檢驗貝爾不等式的實驗,就叫作貝爾實驗。

約翰·貝爾

11

奇妙量子世界：人人都能看懂的量子科學漫畫

在貝爾的方法中，我們需要用一台機器向兩個方向不斷發射一對對處於量子糾纏態的光子，然後在機器的兩邊，透過兩台測量儀器隨機地從兩個角度中二選一，分別對糾纏光子的偏振方向進行測量。

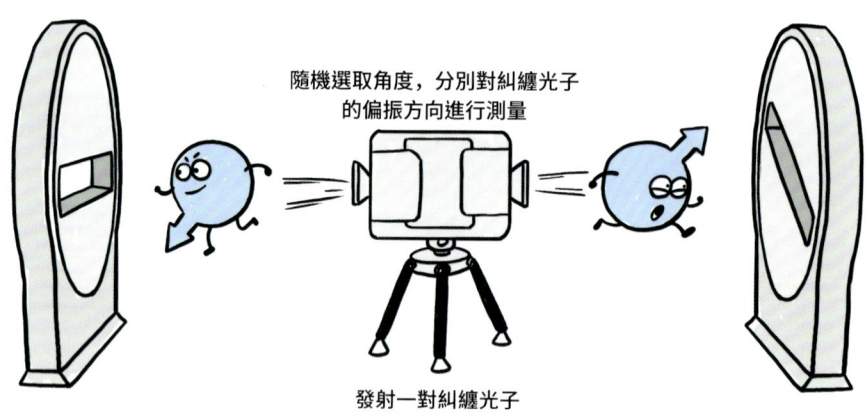

不論兩個測量地點相距多遠，只要其中一台儀器測量了一個光子，另一個光子也會瞬間做出反應，這就是愛因斯坦說過的，量子力學中含有的「鬼魅般的超距作用」。

雖然測量結果看起來是相互獨立的，但這兩個光子的測量結果之間其實存在著緊密的關聯。如果愛因斯坦說的對，那麼這種關聯就會導致貝爾不等式是成立的。反過來，**如果實驗結果違反了貝爾不等式，那麼愛因斯坦就錯了。**

氣死我了！這是怎麼回事？

耶！貝爾實驗有結果了，我又贏了！

從 1982 年起，世界各地的實驗物理學家就在各種貝爾實驗中發現，貝爾不等式可以不成立，愛因斯坦很可能是錯的。

 奇妙量子世界：人人都能看懂的量子科學漫畫

不過，一些追求嚴謹的物理學家指出，這些貝爾實驗中都至少存在一個漏洞，叫作「隨機性漏洞」。

我們回想一下，在貝爾實驗中，兩台測量儀器必須能夠隨機地選取角度。可是，我們做這些實驗不就是為了搞清楚世界上有沒有真正的隨機嗎？

哈哈哈！這個實驗有漏洞，誰輸誰贏還不一定呢！

糟糕，被他看出來了！

如果物理學家在做實驗之前，就已經確定兩台測量儀器是真正隨機的，那他們還費那麼大力氣證明啊？

反過來講，如果物理學家在做實驗之前，根本不確定兩台測量儀器是不是真正隨機，那我們怎麼可能從這兩台測量儀器得出的測量結果中，弄清楚世界上有沒有真正的隨機呢？

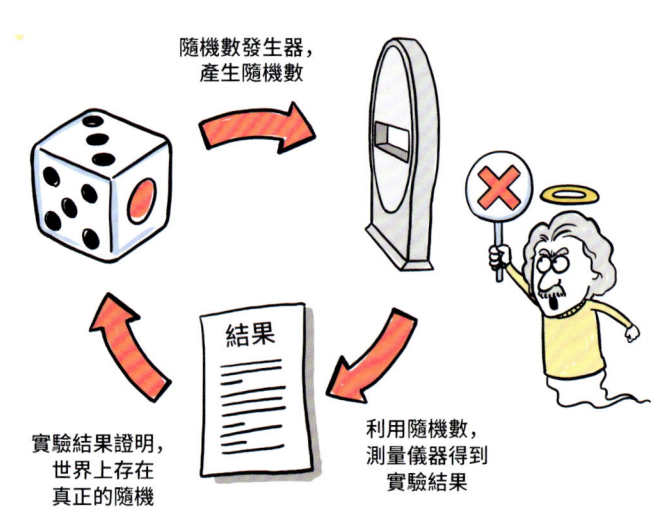

上面的話有點兒複雜。我們說得簡單一點兒，這就相當於讓一個人揪著自己的頭髮，把自己提起來。在英文典故中，這叫作「bootstrapping」問題。

有本事你揪着自己的頭髮，把自己提起來試試看？

奇怪！難道鬼魂也要遵守物理定律？

物理學家到哪兒才能找到「真正隨機」的東西呢？不知誰靈機一動想到一個好主意：既然人類擁有自由意志，那麼人類的行為就不可能受到操縱！如果讓一群人隨機產生一堆資料，再用這些資料操縱兩台測量儀器，我們不就可以滿足「真正隨機」的實驗要求了嗎？

奇妙量子世界：人人都能看懂的量子科學漫畫

讓開，你是假隨機！我們人類才能產生真正的隨機數！

於是，西班牙光子科學研究所等全球 12 家科學研機構聯合起來，以「大貝爾實驗」為主題，從全球各地招募了 10 萬人，讓他們在短短的幾十個小時裡，以「玩遊戲」的形式，向隨機性的根源（也就是等同於物理定律的那個「上帝」），發起了攻擊！

人類產生隨機數

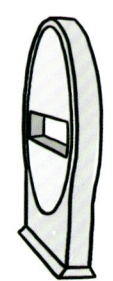

利用隨機數，測量儀器得到實驗結果

16

第一章

> 在大貝爾實驗中,各個研究機構根據各自擅長的實驗手段,利用光子、原子、超導等不同體系,實施了 13 個不同的實驗方案。

 奇妙量子世界：人人都能看懂的量子科學漫畫

中國科學技術大學聯合中國清華大學、中國科學院上海微系統與資訊技術研究所、中國科學院紫金山天文臺一起參與了大貝爾實驗。中國科學技術大學的潘建偉教授和張強教授是大貝爾實驗亞洲區的負責人。他們的實驗室利用接收到的、由人類自由意志所產生的亂數，透過一對對糾纏光子進行貝爾實驗。

隨機　　　　　　　不隨機

人類生成的資料需要透過隨機性測試，
才能用於大貝爾實驗。

你也許會想到，人類當然有自由意志，但是人類的行為不一定是隨機的啊？這一點物理學家也想到了。為了讓結果更可靠，他們做了兩手準備。首先，他們對貝爾不等式進行了一些額外推導。結果證明，人類的行為不完全隨機沒關係，只要貝爾不等式和實驗資料的偏差足夠大，大到可以忽略人類的不隨機性，結論就是可靠的。

其次，他們使用了人類生成的80MB的亂數作為測量儀器的輸入資料。

 奇妙量子世界：人人都能看懂的量子科學漫畫

結果，他們發現，堵上隨機性漏洞之後，實驗結果還是不支持愛因斯坦的判斷。也就是說，不存在所謂的「局域隱變數」，愛因斯坦這次又輸了。

於是，在 12 家研究機構，上百名物理學家和全球 10 萬個自由意志人的努力下，這次大貝爾實驗的 13 個「戰果」在 2018 年 5 月 9 日發表在《自然》雜誌上。

13 個實驗的結果都否定了愛因斯坦的「局域隱變數」理論。

第一章

雖然愛因斯坦這次又輸了,但是他和波爾的爭論還沒有結束!這是因為,雖然大貝爾實驗補上了「隨機性漏洞」,但這些自由意志的「肉身」之間離得太近了,反而導致了另一個漏洞,叫作「局域性漏洞」。

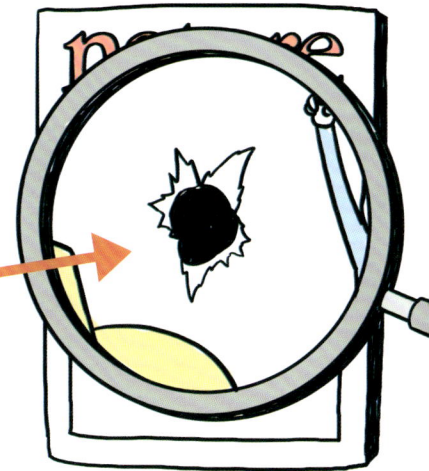

局域性漏洞

外星人,快來評評理,上帝到底擲不擲骰子?

外星人來了也沒用,你肯定贏不了!

霍金

如果想徹底補上這個漏洞,理論上講,大貝爾實驗的參與者至少得有一部分待在 3 萬公里之外⋯⋯也就是說,物理學家下次可能得招募外星人,從宇宙中發起攻擊!(誤!)

喂,我警告大家很多次了,不要聯繫外星人。

21

注釋：
1. 什麼叫局域性漏洞？

在地球上，任意兩個人之間的距離不超過 1.3 萬公里。光走完 1.3 萬公里大約需要 0.04 秒，小於人類的反應時間 0.1 秒。於是，物理學家無法從理論上排除這樣一種情況：甲產生了一個資料後，他透過某種方式影響到了地球上的乙，使得乙在 0.04 秒之後產生的某個資料跟甲的行為有關。於是，這兩個資料不再是隨機產生的，而是存在某種因果聯繫。這種因果聯繫會導致貝爾實驗的資料存在一種理論上的漏洞，即局域性漏洞。

2. 什麼叫局域隱變數？

比方說，有人透過調查資料發現，每當海邊溺水的人變多時，霜淇淋的銷量就會增加。這兩個事件看似無關。但是普通人一眼就能看出關聯，因為每當夏天到來時，去海邊游泳的人會變多，溺水的人自然也會變多；同時，由於天氣變熱，買霜淇淋的人也會變多。在這個例子中，「天氣變化」就是一個局域隱變數。

3. 結尾最後一句是一個玩笑。實際上，為了補上局域性漏洞，我們只需要讓一組人在月球上產生亂數，另一組人在地球上產生亂數。也就是說，在相距 38 萬公里的地球和月亮之間開展大貝爾實驗。

4. 中國的潘建偉團隊早在幾年前就提出了一個基於人類自由意志，在地球 - 月球之間開展貝爾不等式檢驗的實驗方案。2014 年，潘建偉團隊中的科學家設計發展了 GHz 亮度的糾纏源和高時間分辨探測系統，實現了超高損耗下的人類自由意志參與的貝爾不等式檢驗，該成果於 4 月 5 日發表在《物理評論快報》上。這項成果為未來物理學家們在太空實驗中關閉局域性漏洞和亂數漏洞，開展量子非定域性的終極檢驗邁出了堅實的一步。

參考文獻：

1.The BIG Bell Test Collaboration, *Challenging local realism with human choices*, Naturevolume 557, pages212–216 (2018).
2.Unpublished manuscript from The BIG Bell Test Collaboration.
3. Yuan Cao, et al., *Bell Test over Extremely High-Loss Channels;Towards Distributing Entangled Photon Pairs between Earth and the Moon,* Phys.Rev.Lett.120,140405(2018).

第二章

星光下的貝爾實驗

奇妙量子世界：人人都能看懂的量子科學漫畫

　　這時代，人們的平常的日子過得都比以前好，比如吃飯不用排隊，洗衣不用肥皂，談戀愛不用介紹。但是，很多新煩惱也出現了，比如狗主人不如狗懂禮貌，火車占座位還無理取鬧，好不容易消費升級了又趕上買房要抽籤。

　　今天主要不是講買房要抽籤，而是要講量子力學中的一種隨機現象。因為，根據量子力學「大股東」波爾的解釋，量子力學實驗中的許多實驗結果完全是隨機產生的。不過，量子力學的隨機跟買房抽籤、擲骰子、扔硬幣存在本質的不同。

第二章

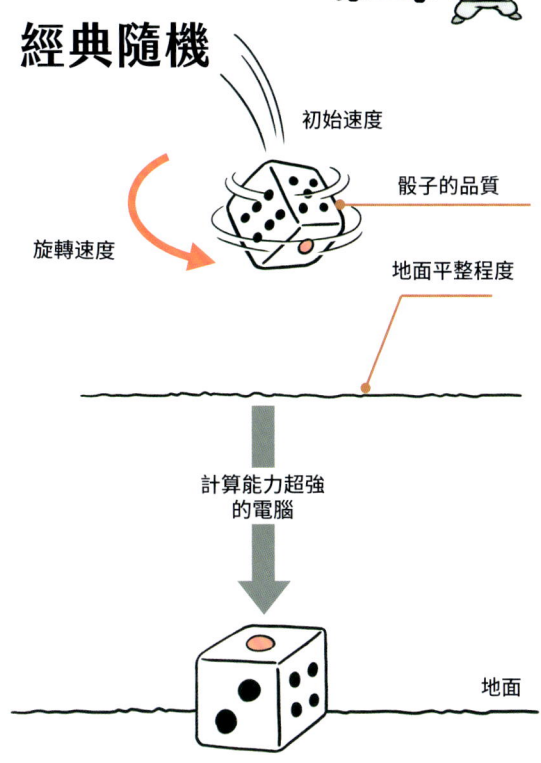

買房抽籤這樣的隨機性，本質上是可以預測的，這叫作**經典隨機**，例如一個下落的骰子，如果預先知道了和它相關的所有參數（骰子的初始運動狀態以及與之碰撞的空氣分子的狀態等），我們是可以在它落地之前用超級電腦把結果算出來的。

而量子力學的隨機本質上是無法透過任何手段預測的，就連「上帝」也不可能提前預測，這叫**量子隨機**。

奇妙量子世界：人人都能看懂的量子科學漫畫

　　可不得了，量子力學另一個「大股東」愛因斯坦聽說了量子隨機，急得晚上睡不著覺了。因為他覺得，量子隨機肯定是假的，裡面肯定有問題。任何量子力學實驗的結果，應該都是由一種「看不見的力量」暗中決定的。

　　於是，為了驗證量子力學之中到底存不存在真正的隨機性，許多科學家展開了激烈的討論，直到貝爾提出了可實施的實驗方案，才讓人們有機會用實驗驗證這個問題。

26

貝爾實驗裝置

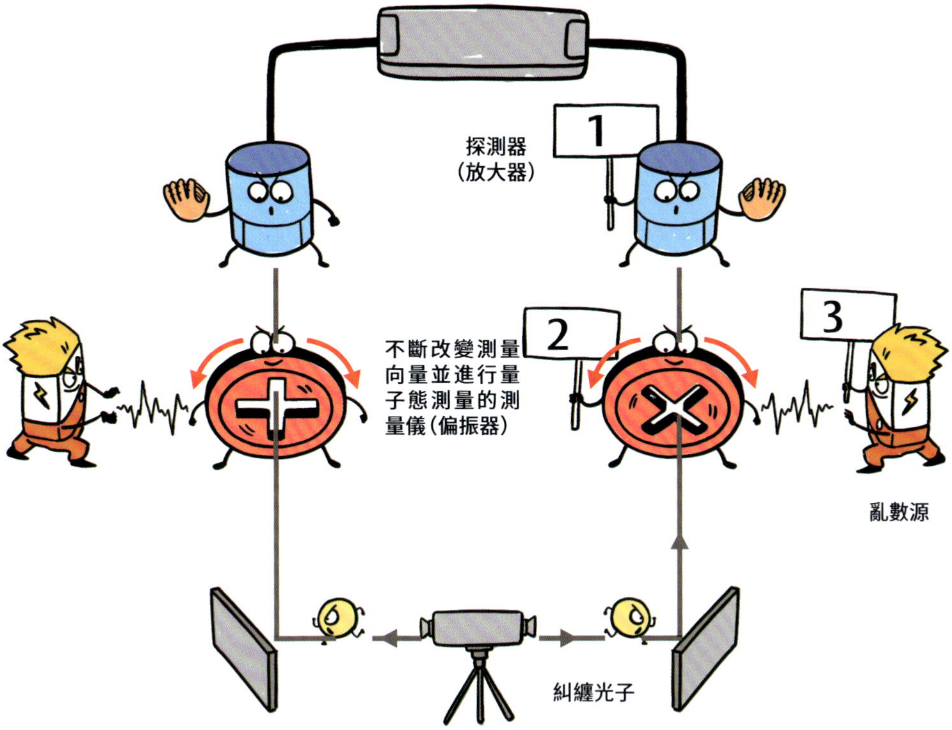

注：有些實驗的裝置更簡單，不存在第三部分的亂數源

> 驗證量子隨機性的實驗過程並不複雜。整個實驗的裝置通常可以分成三個部分：
> 第一部分是記錄實驗結果的**探測器**；
> 第二部分是**不斷改變測量向量並進行量子態測量的兩台測量儀**；
> 第三部分是控制測量儀如何改變測量向量的兩個**亂數源**。
> 其中被兩台測量儀進行測量的東西，就是一對對以光速飛行的。**糾纏光子**。
> 糾纏光子進入測量儀以後，又是怎樣產生隨機結果的呢？這個過程比較複雜，請大家直接看注釋 [1]（P.37）。

 奇妙量子世界：人人都能看懂的量子科學漫畫

總之，實驗做完以後，科學家會把大量的測量結果匯總起來。如果科學家發現結果不高於某個值，那就說明愛因斯坦猜得對，用經典理論就可以解釋實驗現象，量子力學不存在隨機性。然而，實驗結果恰恰相反，1972 年，美國物理學家弗里德曼第一次透過貝爾實驗發現，愛因斯坦錯了，量子力學存在真正的隨機性！

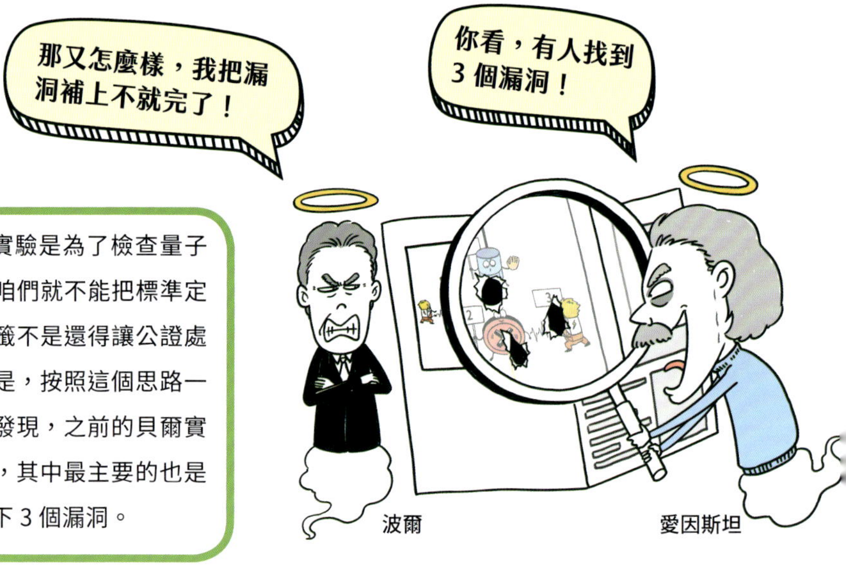

不過，既然做實驗是為了檢查量子是否具有隨機性，咱們就不能把標準定得太寬鬆，買房抽籤不是還得讓公證處先檢查一遍嗎？於是，按照這個思路一檢查，物理學家就發現，之前的貝爾實驗還真的存在漏洞，其中最主要的也是最難解決的，是以下 3 個漏洞。

28

> 第一個漏洞叫**探測器漏洞**。它的意思是說，如果飛過來 100 個光子，探測器像瞎忙一樣，掰 10 個丟 9 個，那麼實驗結果就有可能以偏概全。

漏洞 1：探測器漏洞

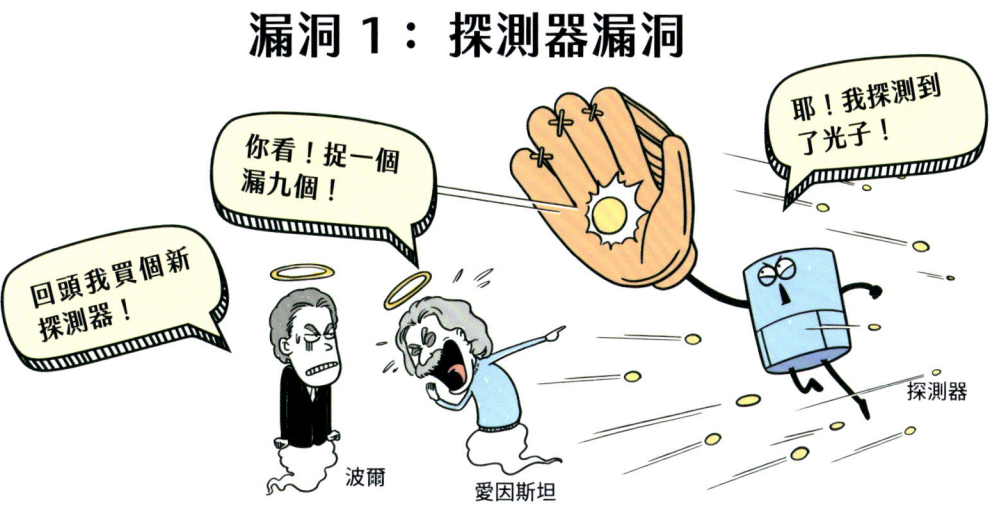

漏洞 2：局域性漏洞

> 第二個漏洞叫**局域性漏洞**。它的意思是說，兩台測量儀不能離得太近。如果它們離得太近，在開始抽籤到記錄全部結果的那一小段時間內，它們就有可能透過那種「看不見的力量」相互傳紙條，勾結起來偽造結果。當然，科學家不是說測量儀真的有一肚子壞水，他們只是為了排除可能的隱患。

奇妙量子世界：人人都能看懂的量子科學漫畫

> 第三個漏洞跟亂數源有關，叫作**自由選擇漏洞**。它的意思是說，控制這兩台測量儀的兩個亂數源，必須分別獨立於任何其他裝置，它們產生的信號必須完全隨機；最重要的是，它們不能和產生糾纏光子的裝置相互勾結！

漏洞 3：自由選擇漏洞

第二章

1972 — Freedman 等人第一個實驗
- 漏洞 1 ❌　漏洞 2 ❌　漏洞 3 ❌

1982 — Aspect 等人的第一個高精度實驗
- 漏洞 1 ❌　漏洞 2 ❌　漏洞 3 ❌

1998 — Tittel 等人第一次關閉局域性漏洞
- 漏洞 1 ❌　漏洞 2 ✅　漏洞 3 ❌

2010 — T. Scheidl 等人第一次同時關閉局域性漏洞和自由選擇漏洞
- 漏洞 1 ❌　漏洞 2 ✅　漏洞 3 ✅

2015 — Hensen 等人第一次同時關閉探測器漏洞和局域性漏洞

2017
- 漏洞 1 ✅　漏洞 2 ✅　漏洞 3 ✅

> 耶！所有的漏洞都被我堵上了，這下你承認了吧？

波爾：漏洞要是都堵上了，我就不姓愛！

愛因斯坦

（美編：樓上那位不愛梳頭的老爺爺，你好像本來就不姓愛呀！）

於是，在**弗里德曼**完成實驗後的 40 多年裡，實驗物理學家紛紛出手，想辦法給這 3 個漏洞補上各種補丁，看看結果還有沒有問題。結果，後來的每個實驗都證明，量子力學真的沒有內幕，量子力學真的存在亂數。

漏洞 1—探測器漏洞
漏洞 2—局域性漏洞漏
漏洞 3—自由選擇漏洞

31

奇妙量子世界：人人都能看懂的量子科學漫畫

當然，如果你硬要從雞蛋裡挑骨頭，還是能從這些實驗中挑出問題來的。例如，有的實驗物理學家認為，第三個漏洞補是補上了，但是補得不夠徹底。如果要說控制兩個亂數源沒有機會和產生糾纏光子的裝置發生勾結，也只能說它們在實驗開始之前 10 微秒的時間內沒法勾結。再往前倒推的話，就說不清楚了，因為你總不能穿越到過去發出信號吧？

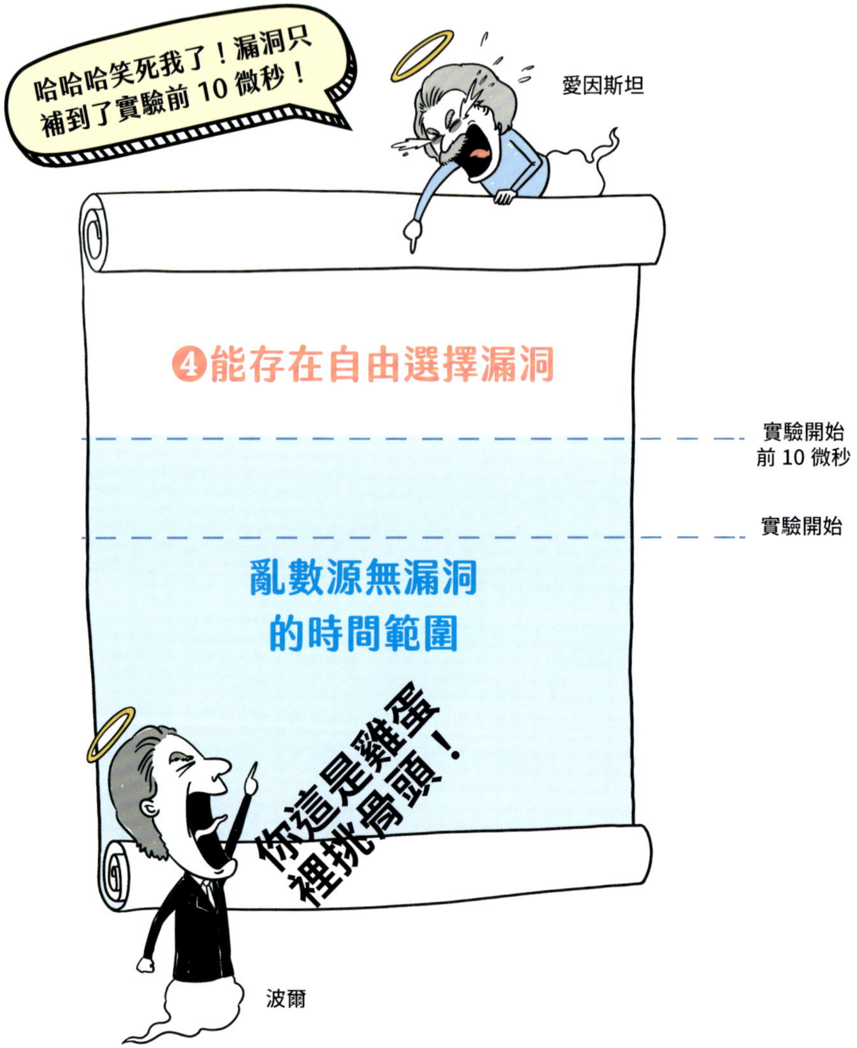

哈哈哈笑死我了！漏洞只補到了實驗前 10 微秒！

愛因斯坦

❹ 能存在自由選擇漏洞

實驗開始前 10 微秒

實驗開始

亂數源無漏洞的時間範圍

你這是雞蛋裡挑骨頭！

波爾

第二章

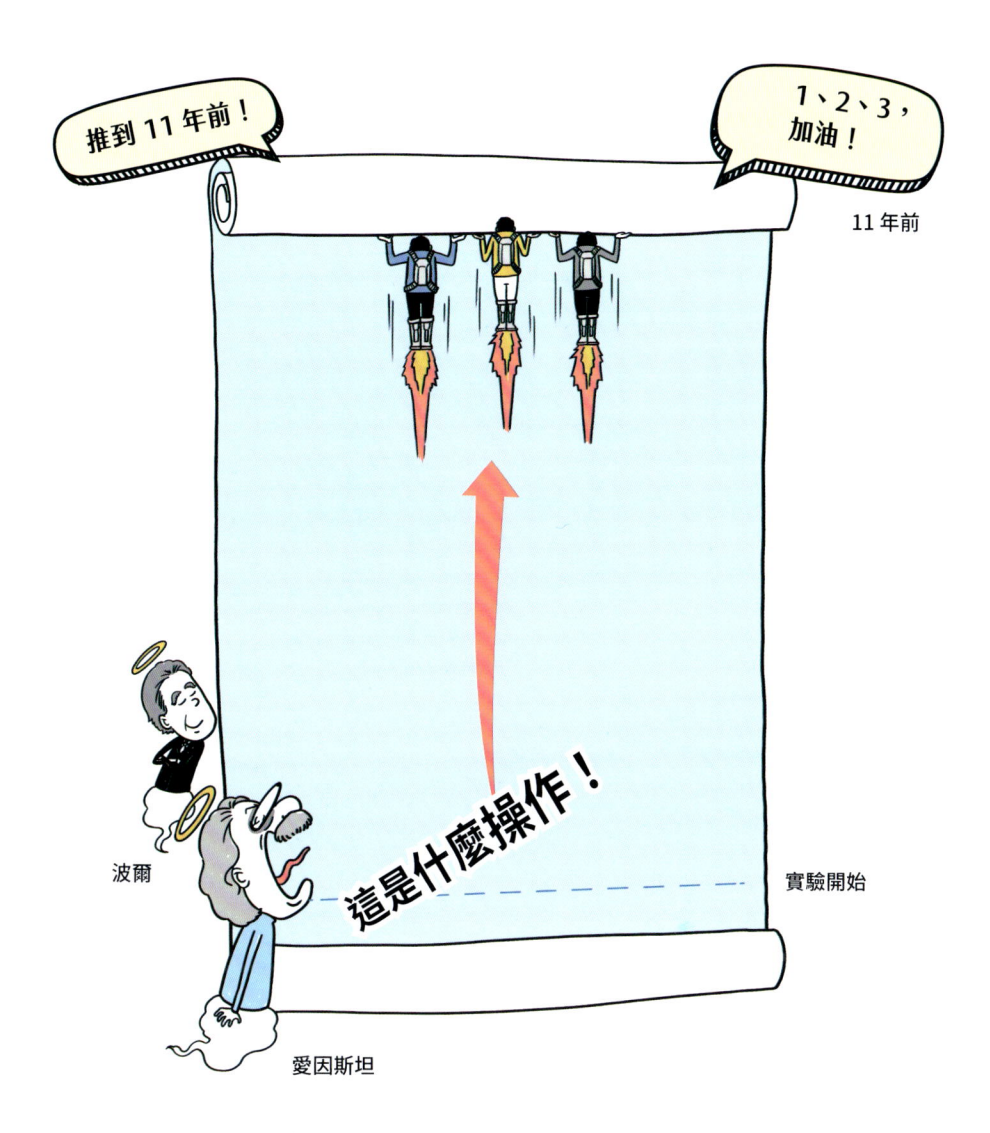

推到 11 年前！

1、2、3，加油！

11 年前

這是什麼操作！

波爾

愛因斯坦

實驗開始

2018 年 8 月 20 日，中國科學技術大學教授潘建偉及其同事張強、馬雄峰等與中科院上海微系統所、日本 NTT 基礎科學實驗室合作，在《物理評論快報》發表了一篇實驗論文。在新一輪貝爾實驗中，他們將亂數源沒有相互勾結的時間點，倒推到了 11 年前。

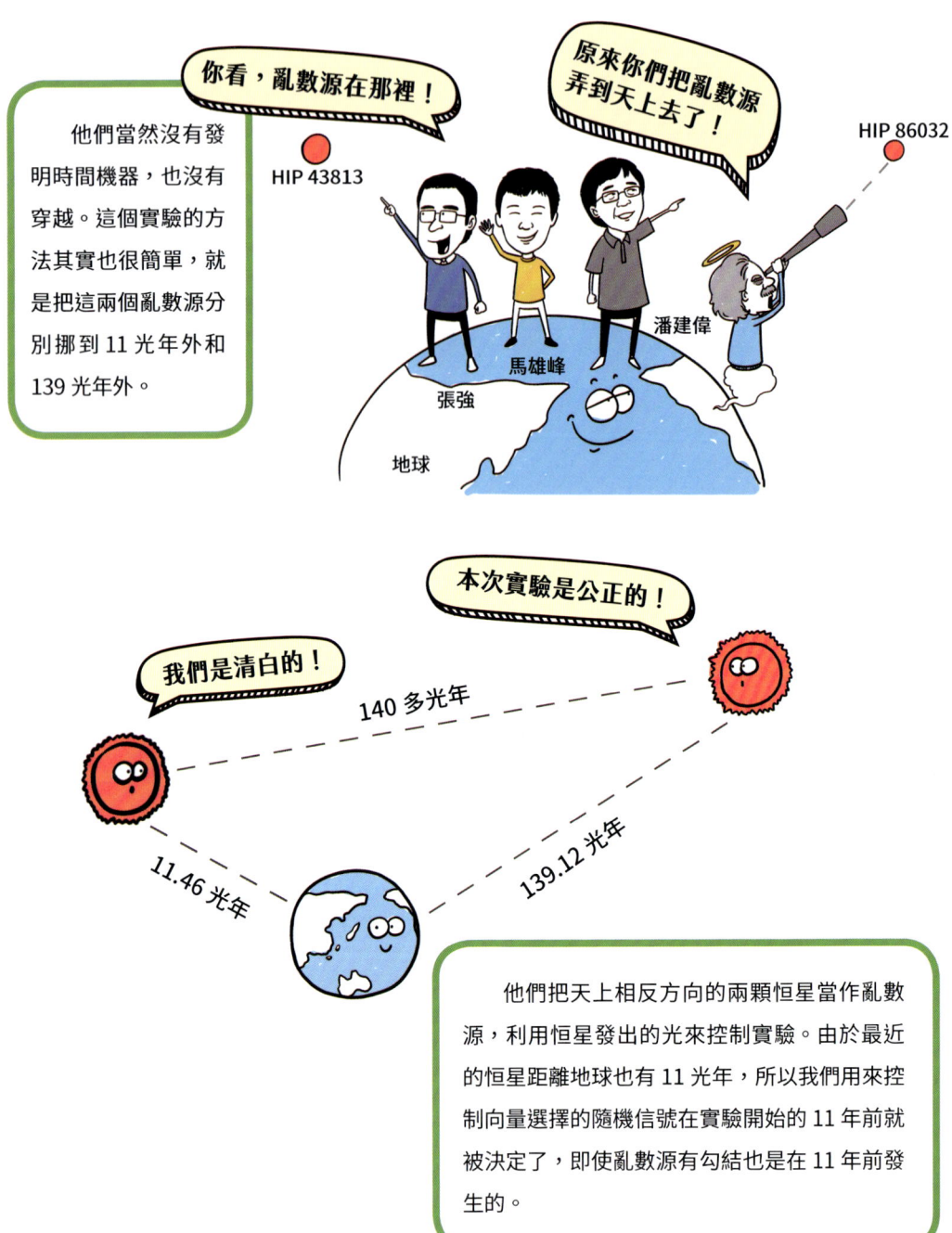

奇妙量子世界：人人都能看懂的量子科學漫畫

> 你看，亂數源在那裡！

HIP 43813

> 原來你們把亂數源弄到天上去了！

HIP 86032

張強　馬雄峰　潘建偉

地球

他們當然沒有發明時間機器，也沒有穿越。這個實驗的方法其實也很簡單，就是把這兩個亂數源分別挪到 11 光年外和 139 光年外。

> 本次實驗是公正的！

> 我們是清白的！

140 多光年

11.46 光年　　139.12 光年

他們把天上相反方向的兩顆恒星當作亂數源，利用恒星發出的光來控制實驗。由於最近的恒星距離地球也有 11 光年，所以我們用來控制向量選擇的隨機信號在實驗開始的 11 年前就被決定了，即使亂數源有勾結也是在 11 年前發生的。

第二章

就這樣，新的貝爾實驗不但同時補上了探測器、局域性和自由選擇 3 個漏洞，還把隨機數源無法相互勾結的時間點，倒推到了 11 年前。

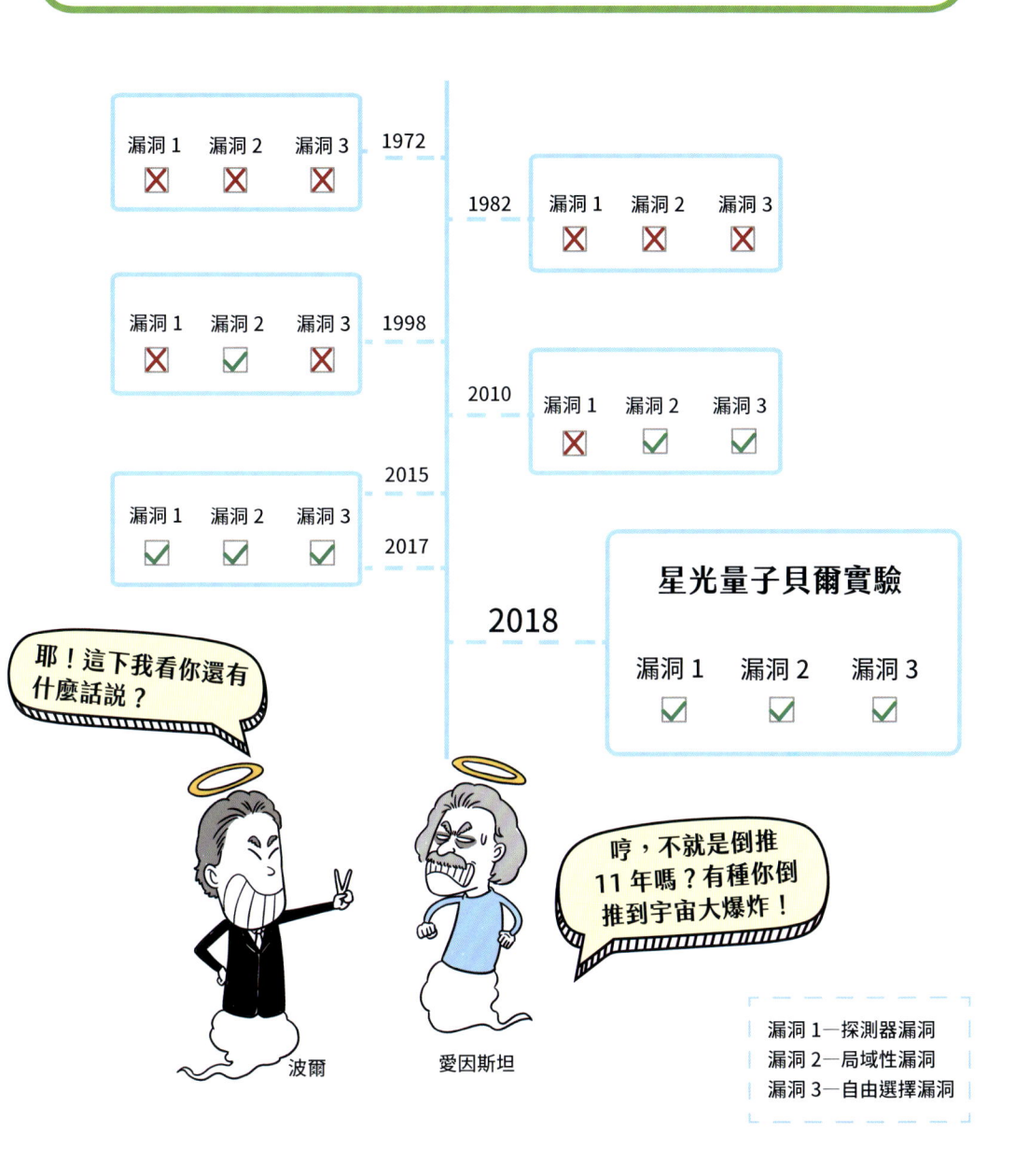

年份	漏洞 1	漏洞 2	漏洞 3
1972	✗	✗	✗
1982	✗	✗	✗
1998	✗	✓	✗
2010	✗	✓	✓
2015	✓	✓	✓
2017			
2018 星光量子貝爾實驗	✓	✓	✓

波爾：耶！這下我看你還有什麼話說？

愛因斯坦：哼，不就是倒推 11 年嗎？有種你倒推到宇宙大爆炸！

漏洞 1─探測器漏洞
漏洞 2─局域性漏洞
漏洞 3─自由選擇漏洞

奇妙量子世界：人人都能看懂的量子科學漫畫

貝爾實驗未來可能的實驗計畫

100 多億年前

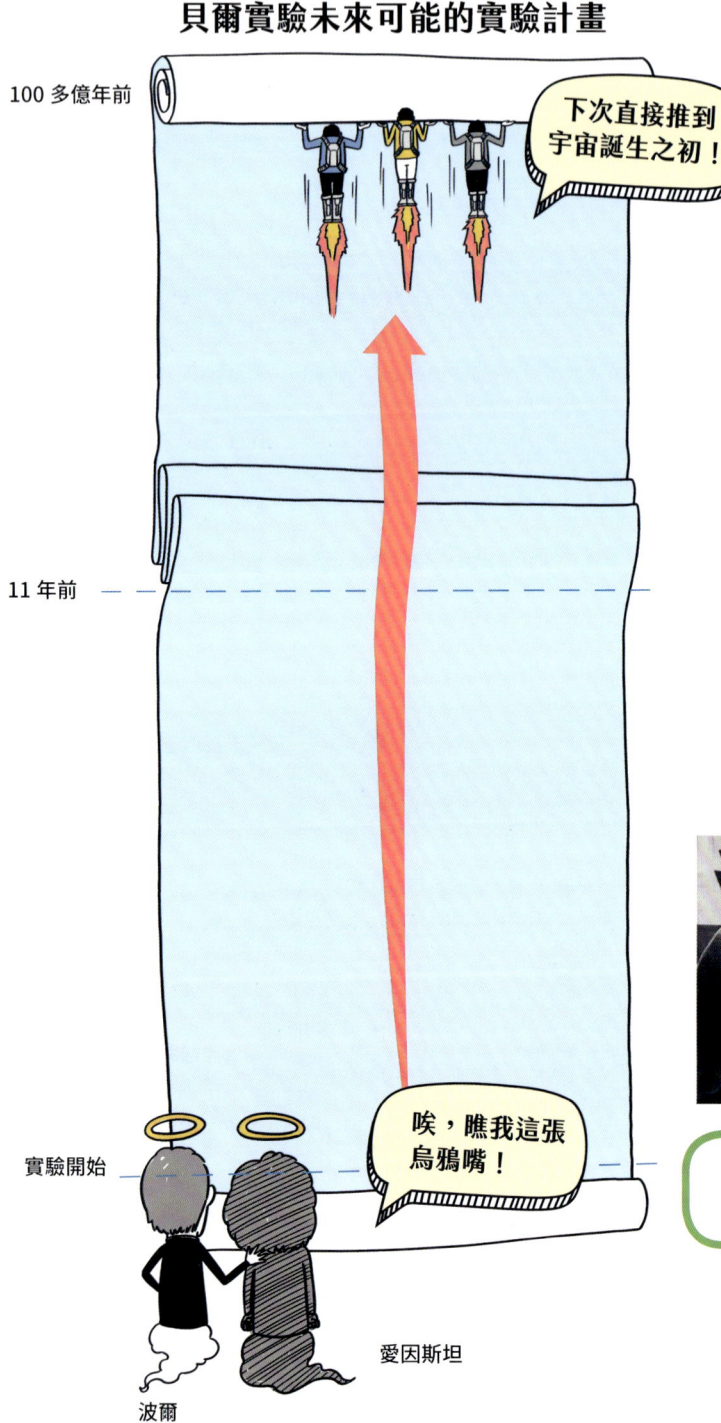

下次直接推到宇宙誕生之初！

11 年前

實驗開始

唉，瞧我這張烏鴉嘴！

波爾

愛因斯坦

當然，倒推 11 年並不是實驗的終點。如果能用宇宙大爆炸時產生的（微波背景輻射的）光子作為亂數源，那麼這個時間也許可以一口氣推到 100 多億年前的宇宙誕生初期！

別想了，你越想量子力學就不能睡著覺！

不行！這裡面一定還有內幕！

到那時，愛因斯坦可能徹底睡不著覺了！

36

第二章

注釋：

1. 光子產生量子隨機結果的原理：

在糾纏光子中，每一個光子都有一個確定的偏振方向（如圖1箭頭所示）。這個偏振方向可以看作由其他兩個相互垂直的偏振相互疊加成的。

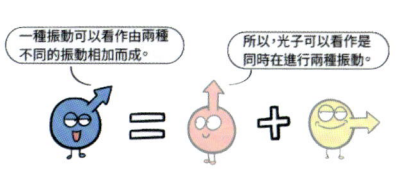

當一個光子進入測量儀之後，如果測量儀的測量向量方向跟光子偏振的方向不重合，就會隨機產生一個測量結果，這個測量結果就是那兩個相互垂直的偏振其中一個（圖2為簡化版本，貝爾實驗的裝置比它略複雜一些）。實際測量結果是其中的哪一個，完全是拼概率的，而且是完全無法用任何手段預測的概率。所以，這叫作量子隨機。

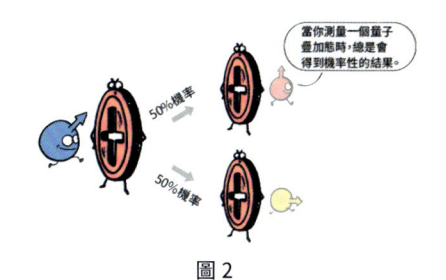

2. 關於探測器漏洞：

假設在一片玉米地裡，有60%是黃色玉米，有40%是黑色玉米。如果探測器像瞎忙一樣，掰10個，丟9個，那麼當它的胳肢窩下好不容易存下10個玉米之後，就可能看到9個黑色玉米、1個黃色玉米。於是它就會錯誤地估計玉米地裡的玉米情況。這就是產生探測器漏洞的原理——探測效率漏洞。

3. 關於局域性漏洞：

抽籤機在抽籤的時候，不能發生通信。因此，兩台測量儀要放得足夠遠，不能放在局域的空間中。於是，這個漏洞的正式名字叫局域性漏洞。

4. 關於自由選擇漏洞：

控制測量儀的兩個亂數源，必須產生隨機訊號，並透過這個隨機訊號控制測量儀的測量向量。根據注釋[1]講到的原理，正是測量向量的方向與光子偏振方向存在不一致，才會導致量子隨機的產生。因此，為了保證實驗沒有漏洞，這兩個亂數源產生的訊號，必須完全隨機，不能跟任何外界裝置、環境存在關聯。

打個比方，假如亂數源和產生糾纏光子的機器有預謀，它們就可能「提前決定」做實驗的時候應該發出什麼光子，並且應該在哪個向量方向測量光子。如果是那樣的話，實驗結果就不能算量子隨機了。

所以，要想關閉自由選擇漏洞，每個亂數源必須和糾纏源分別保持獨立無關。此時，這兩個亂數源之間也會保持獨立無關。所以，這個漏洞的正式名字叫自由選擇漏洞。

5. 本篇結尾的照片是愛因斯坦和中情局特工Cord Meyer, Jr. 在討論世界政治問題，並非是愛因斯坦在看心理醫生。

參考文獻：

Li M H, Wu C, Zhang Y, et al. Test of local realism into the past without detection and locality loopholes[J]. Physical review letters, 2018, 121(8): 080404.

奇妙量子世界：人人都能看懂的量子科學漫畫

第三章
如何產生器件無關的量子亂數？

第三章

生活中處處都有亂數。用手機聽歌的人都知道，很多 App 都有一種放歌的方式，叫作「隨機播放」。玩遊戲的人都知道，遊戲地圖會隨機設置怪物，打怪的時候會隨機掉物品，開寶箱的時候會隨機掉寶貝。在這些事情的背後，都有一個共同的起因，叫作**亂數**。

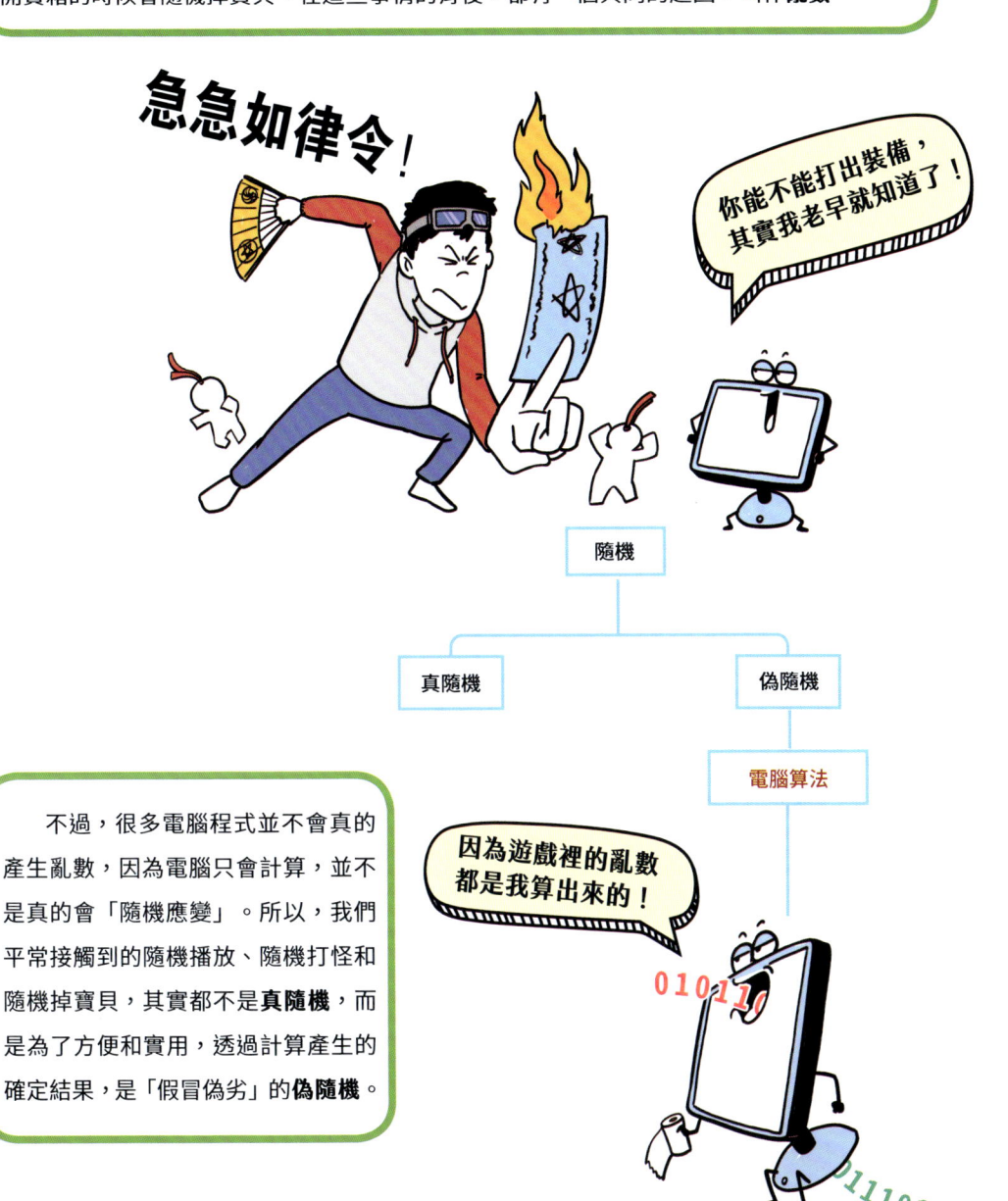

急急如律令！

你能不能打出裝備，其實我老早就知道了！

```
隨機
├── 真隨機
└── 偽隨機 ── 電腦算法
```

不過，很多電腦程式並不會真的產生亂數，因為電腦只會計算，並不是真的會「隨機應變」。所以，我們平常接觸到的隨機播放、隨機打怪和隨機掉寶貝，其實都不是**真隨機**，而是為了方便和實用，透過計算產生的確定結果，是「假冒偽劣」的**偽隨機**。

因為遊戲裡的亂數都是我算出來的！

010110
011101

透過計算得出的偽亂數

就算亂數不是算出來的，而是從擲骰子、讀取環境雜訊等**經典隨機現象**中產生的，也不能算作真正的亂數。

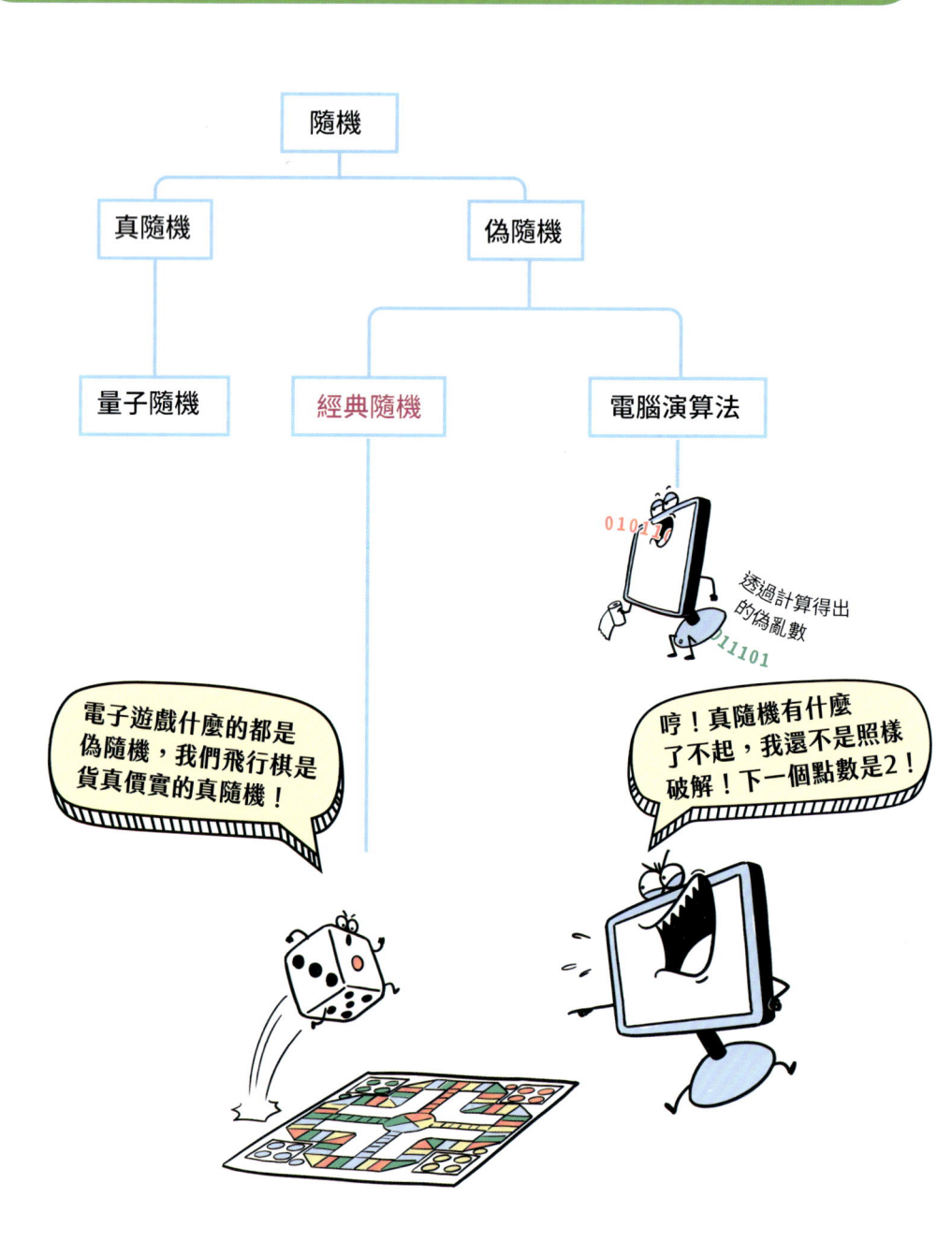

```
                    隨機
                  /      \
              真隨機      偽隨機
                /        /      \
          量子隨機   經典隨機   電腦演算法
```

透過計算得出的偽亂數

電子遊戲什麼的都是偽隨機，我們飛行棋是貨真價實的真隨機！

哼！真隨機有什麼了不起，我還不是照樣破解！下一個點數是2！

第三章

```
                    隨機
                   ／    ＼
                真隨機    偽隨機
                 │      ／    ＼
              量子隨機  經典隨機  電腦演算法
```

透過計算得出的偽亂數

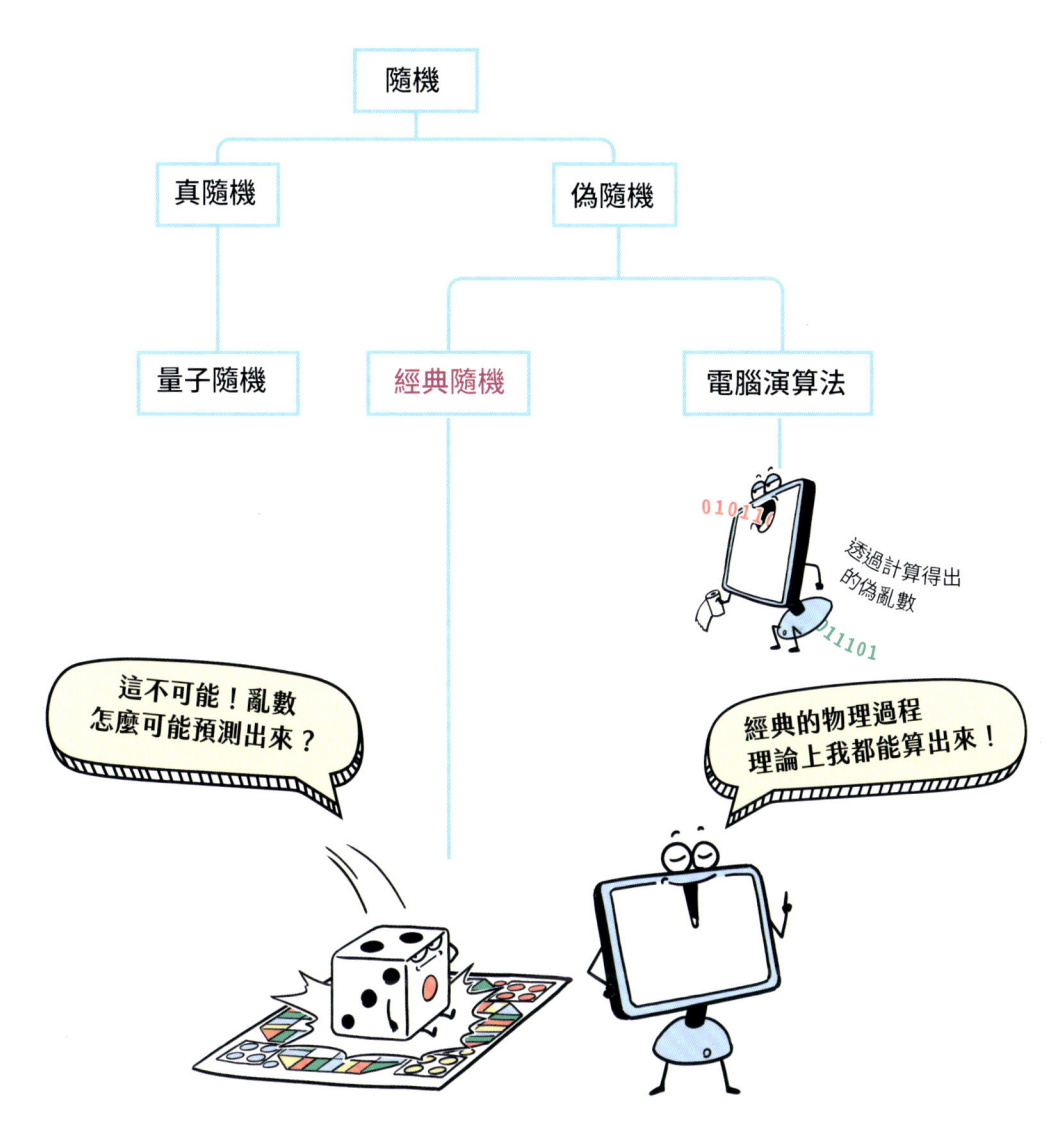

這不可能！亂數怎麼可能預測出來？

經典的物理過程理論上我都能算出來！

> 因為從理論上講，只要你捨得投入，經典隨機現象都是可以準確預測的。例如，如果你用一台攝影機精確拍下你剛剛擲出骰子時，骰子的位置、速度和角速度，那麼從理論上講，電腦就可以在骰子落下之前，計算出它的落點和朝向。這樣一來，經典隨機就不是完全沒可能破解的了。

奇妙量子世界：人人都能看懂的量子科學漫畫

> 那麼，世界上有沒有不可能被破解的亂數呢？自從量子力學誕生以後，物理學家就發現，量子力學存在內稟的隨機性，很多實驗都會產生隨機的結果。在量子力學的主流理論中，沒有人能透過任何辦法預測實驗產生的隨機結果，這就是量子隨機。因此，從這些結果出發生成的亂數，在現在的理論框架下是無法預測的。

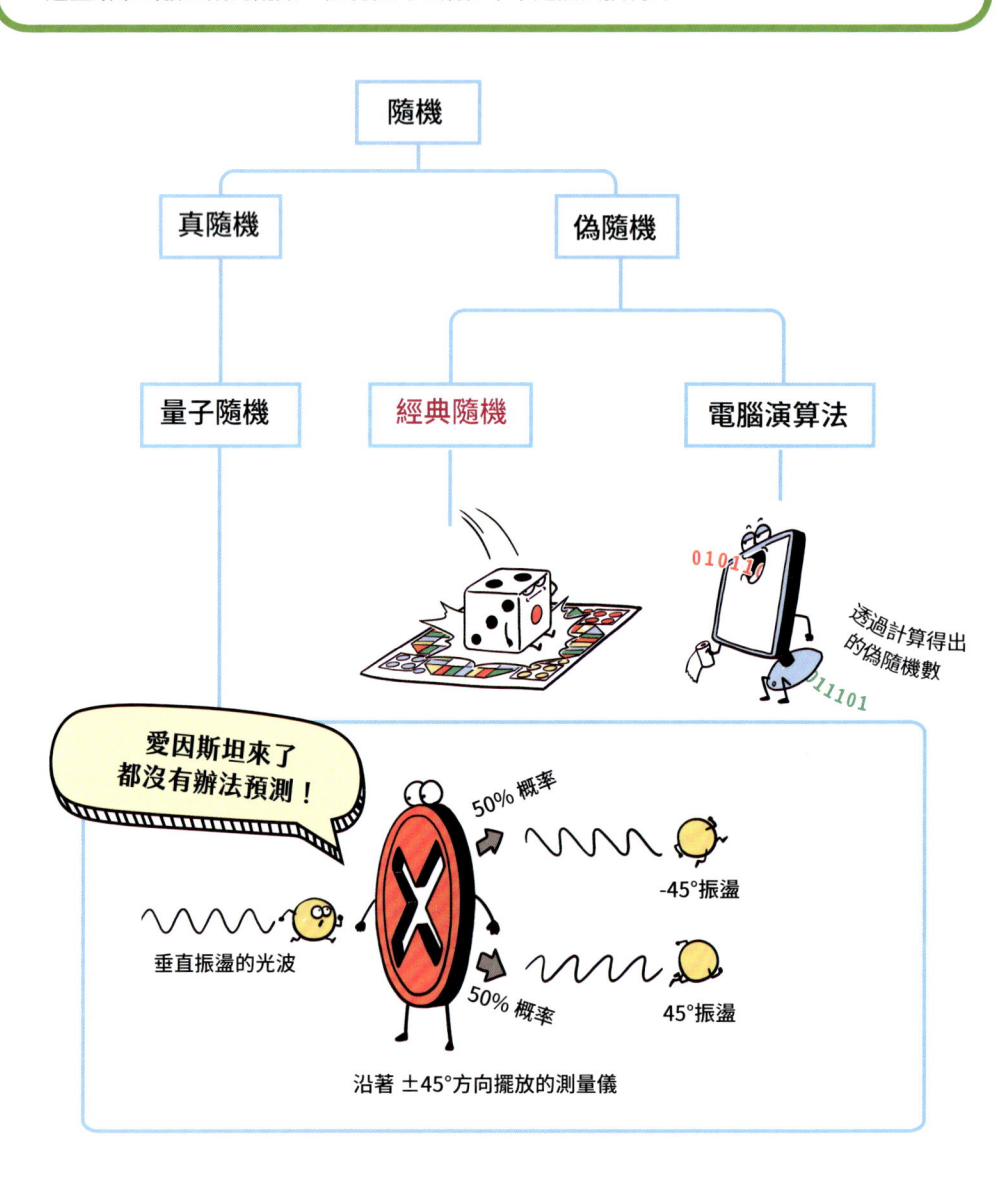

```
                    隨機
                  /      \
               真隨機    偽隨機
                /        /    \
          量子隨機   經典隨機   電腦演算法
```

透過計算得出的偽隨機數

愛因斯坦來了都沒有辦法預測！

垂直振盪的光波

50% 概率 → -45°振盪
50% 概率 → 45°振盪

沿著 ±45°方向擺放的測量儀

第三章

> 破解經典隨機算什麼？
> 有本事你來破解量子隨機！

> 哼！破解就破解，
> 誰怕誰呀！

測量儀

這麼說來，如果哪裡要用亂數，我們只需要隨便搭建一個量子力學實驗，就可以放心大膽地使用亂數了嗎？可以倒是可以！

奇妙量子世界：人人都能看懂的量子科學漫畫

但是，在工程實踐中，很多實驗器件都不可能100%地完美運行。它們要麼有瑕疵，要麼用著用著就開始老化，要麼會受到各種因素干擾，在極端的情況下，它們還會受到駭客攻擊！

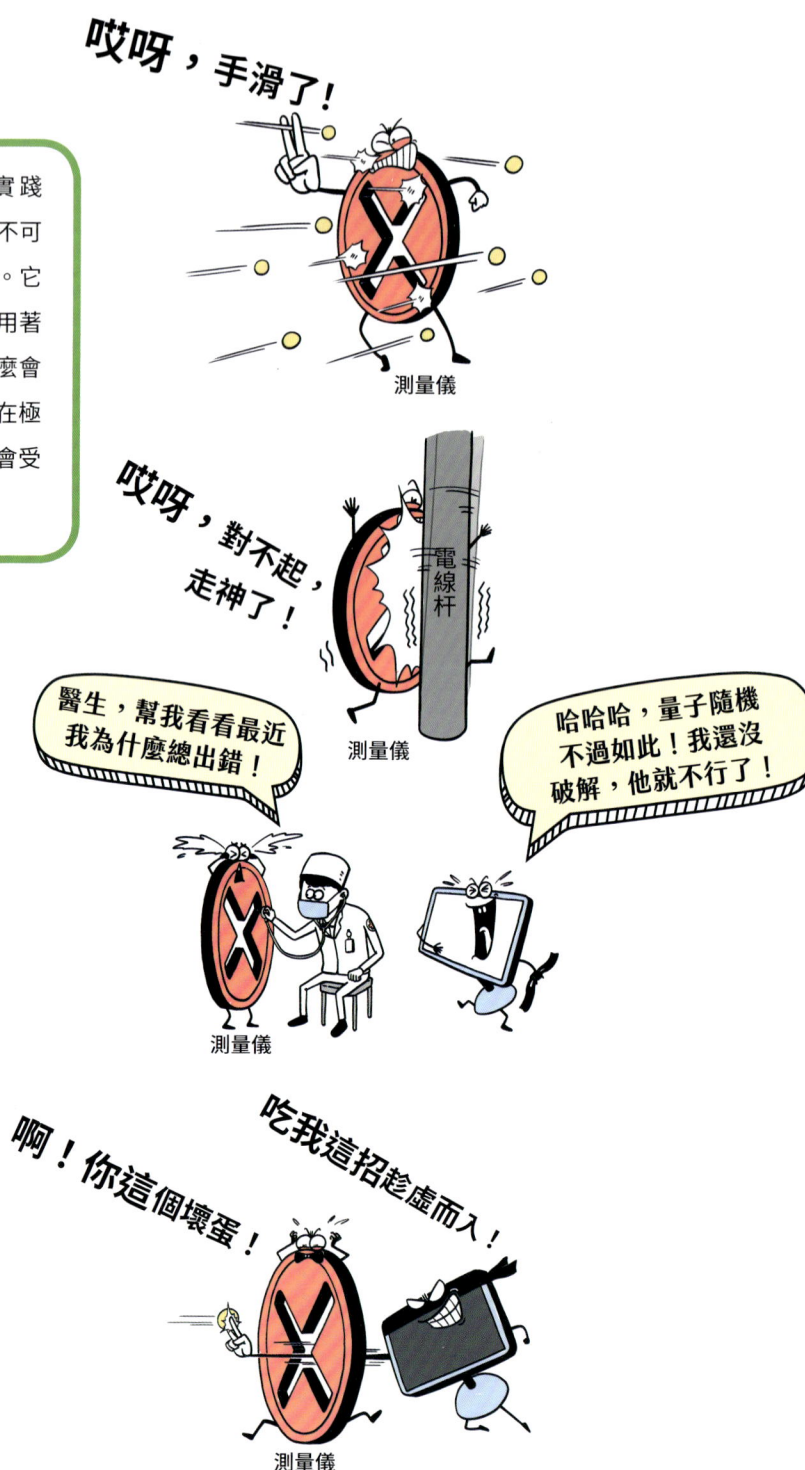

哎呀，手滑了！

測量儀

哎呀，對不起，走神了！

電線桿

測量儀

醫生，幫我看看最近我為什麼總出錯！

哈哈哈，量子隨機不過如此！我還沒破解，他就不行了！

測量儀

吃我這招趁虛而入！

啊！你這個壞蛋！

測量儀

44

第三章

於是，為了得到更穩定、更安全的量子亂數（即使有最強大的攻擊者也不能預測未來的亂數），中國科學技術大學教授潘建偉及其同事張強、馬雄峰等與中科院上海微系統所和日本 NTT 基礎科學實驗室合作，實現了一種產生亂數的新方法，這樣的亂數叫作「**器件無關的量子亂數**」。2018 年 10 月 25 日，他們的實驗論文發表在了《自然》雜誌上。

產生器件無關的量子亂數的實驗裝置

馬雄峰

器件無關的
量子亂數

潘建偉

張強

奇妙量子世界：人人都能看懂的量子科學漫畫

> 這種新方法是如何解決普通量子亂數裝置的各種缺陷，做到亂數與器件無關的呢？其中有3個關鍵步驟：(1) 品質檢測；(2) 估算良品率；(3) 汰劣留良。

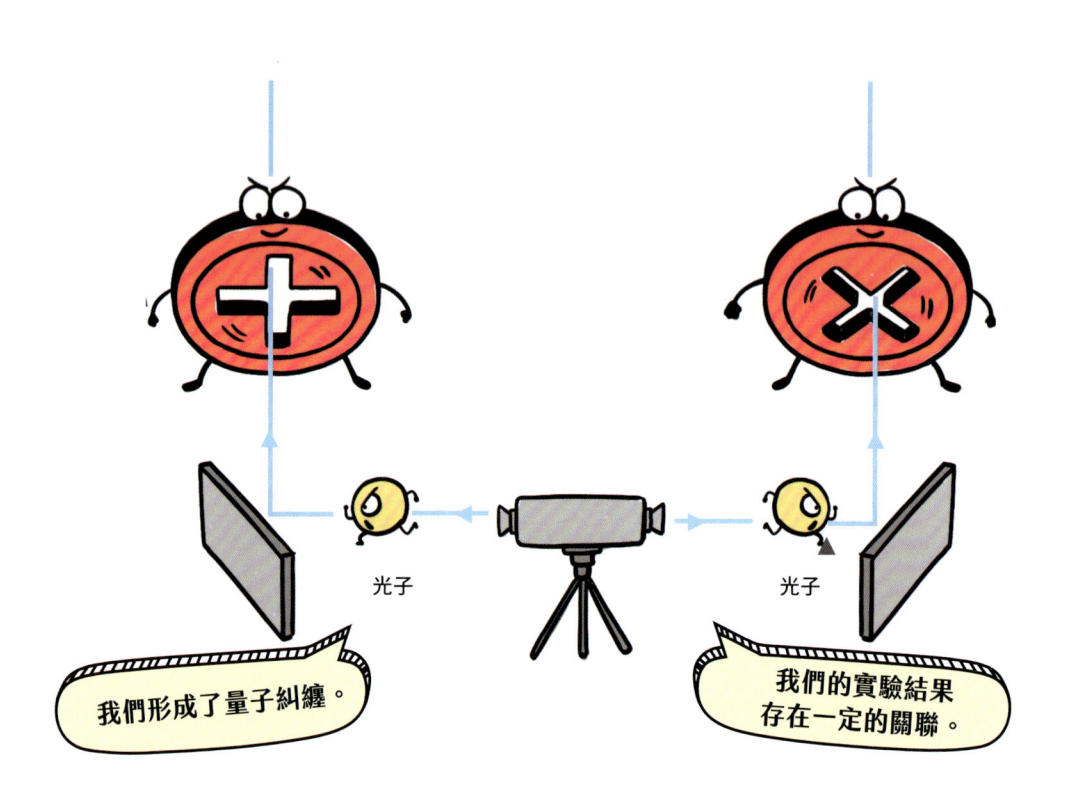

光子

光子

我們形成了量子糾纏。

我們的實驗結果存在一定的關聯。

1. 品質檢測

要想保證亂數的品質，他們要抽取一部分實驗結果，進行品質檢測。為了能夠進行品質檢測，他們首先要在實驗中，同時產生出一對處於量子糾纏態的光子。

第三章

對每個糾纏光子的測量會得到一個測量結果。對這兩個糾纏光子同時測量,就會同時得到兩個結果。但這兩個結果還不是能夠直接用的亂數,而是**有待處理的、原始的亂數物料**。這時,他們就要做品質檢測了,辦法就是將結果代入以物理學家貝爾命名的一個不等式——貝爾不等式中。

> 如果實驗結果違反這個不等式,就是合格的。如果沒有違反不等式,就可能存在問題。

$$\bar{J} = \frac{1}{n}\sum_{j=1}^{n} J_i - 3/4 \leqslant 0$$

不等式違反→品質合格
不等式成立→存在問題

貝爾

奇妙量子世界：人人都能看懂的量子科學漫畫

> 當然，用一個光子做實驗，是沒有辦法用這個不等式做品質檢測的。只有用一對糾纏光子做實驗，把這兩個結果代入這個不等式中，才能進行量子亂數的品質檢測。

第三章

> 恭喜你們倆！計算結果達標，是真的量子隨機！

> 不會出什麼問題吧？

> 醫生，結果正常嗎？

　　於是，他們把一段時間內產生的結果代入不等式後，如果計算結果大於某個值，那就說明貝爾不等式被破壞，實驗結果包含真正的量子隨機性。如果計算結果小於或等於某個值，那就說明貝爾不等式仍然成立，不能證明結果中存在量子隨機性，可能是實驗裝置出問題了，也可能是有人在偷偷搞破壞。

　　用來產生亂數和做品質檢測的實驗，叫作貝爾實驗。1965 年，CERN 的物理學家貝爾提出了貝爾實驗的設想。不過，他當時並不是為了檢驗亂數是真是假，而是為了檢驗量子力學的完備性。（詳情請看《星光下的貝爾實驗》）(P.23)

2. 估算良品率

　　雖然實驗結果是真的量子隨機，但請你不要忘了，剛才我們說過，很多實驗器件都會存在瑕疵。所以，他們得到的實驗結果還只是原始的亂數物料，其中可能已經混入了各式各樣的不想要的「雜訊」、「雜質」或者「冗餘」。

　　因此，在第二個關鍵步驟中，他們必須不斷估算每一時刻的物料中，究竟含有多少能用的亂數，也就是估算良品率的大小。具體的估算方法包含很多複雜的數學知識。簡單地說，就是不斷觀察貝爾的那個不等式被違反的程度有多大。

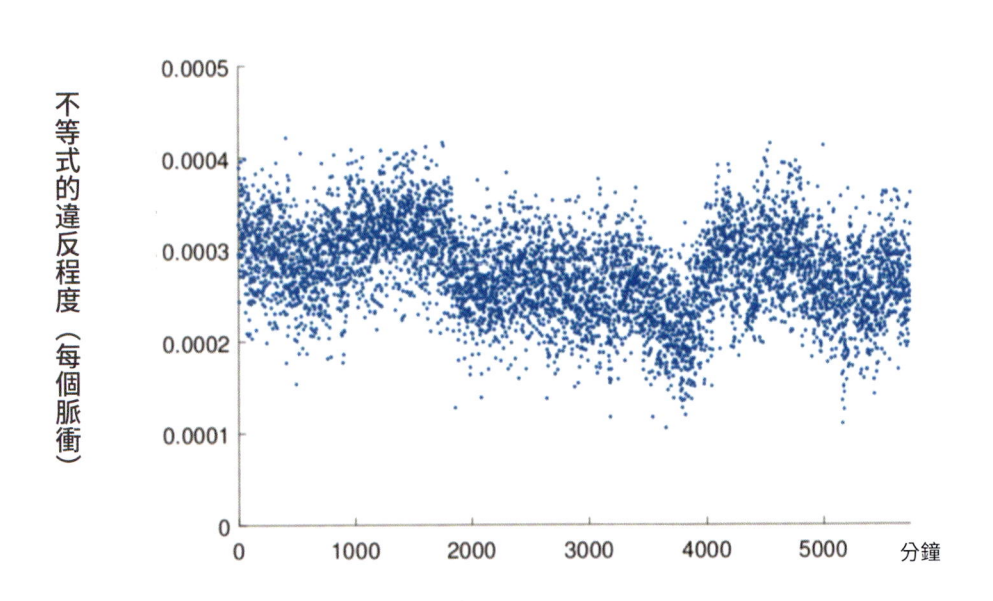

第三章

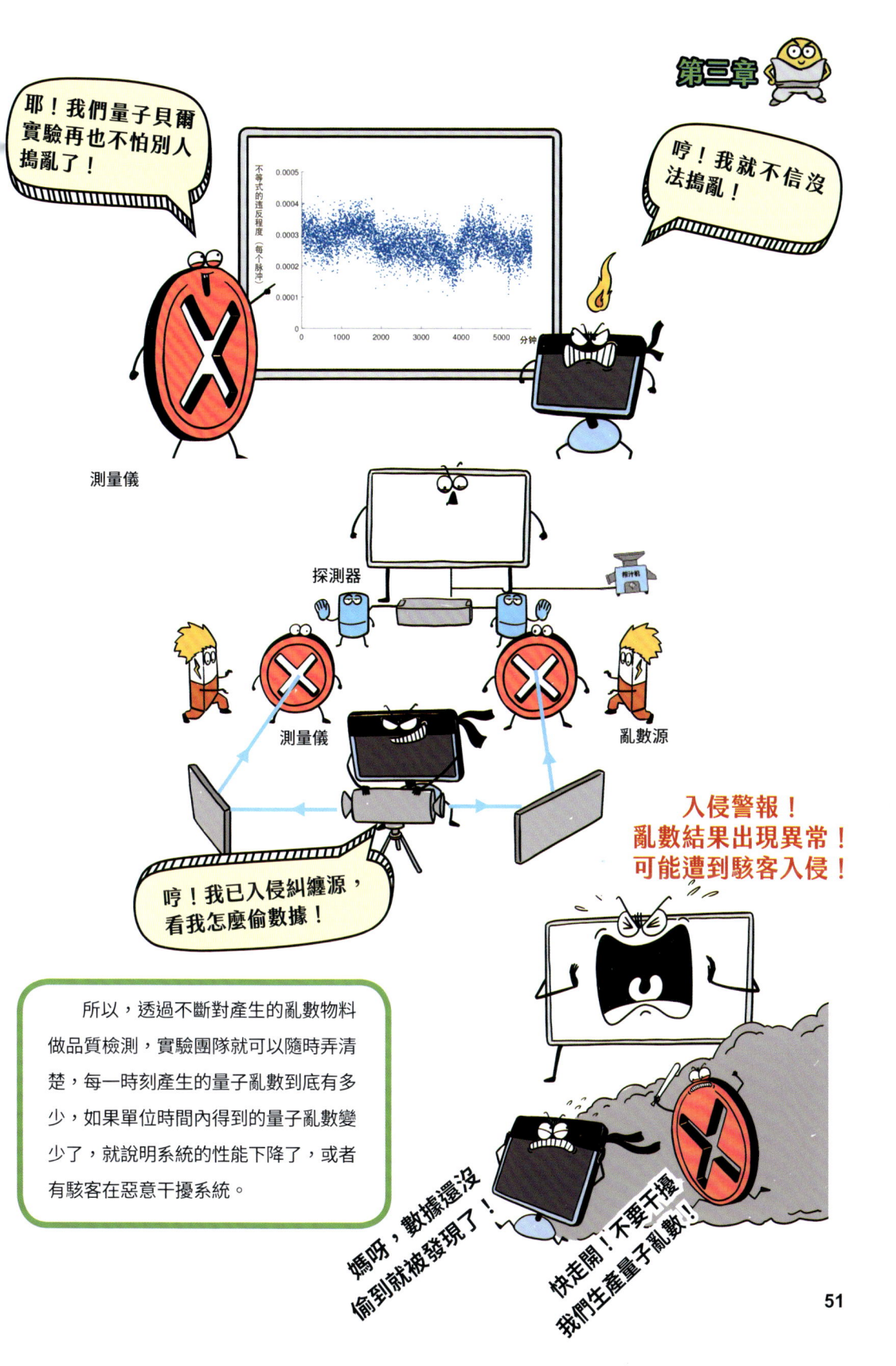

耶！我們量子貝爾實驗再也不怕別人搗亂了！

哼！我就不信沒法搗亂！

測量儀

探測器

測量儀

亂數源

哼！我已入侵糾纏源，看我怎麼偷數據！

入侵警報！
亂數結果出現異常！
可能遭到駭客入侵！

所以，透過不斷對產生的亂數物料做品質檢測，實驗團隊就可以隨時弄清楚，每一時刻產生的量子亂數到底有多少，如果單位時間內得到的量子亂數變少了，就說明系統的性能下降了，或者有駭客在惡意干擾系統。

媽呀，數據還沒偷到就被發現了！

快走開！不要干擾我們生產量子亂數！

3. 汰劣留良

既然知道了每時每刻產生的結果中有多少「良品」，那麼第三個關鍵步驟，就應該是汰劣留良，透過某種複雜的數學運算，把大量物料中好的成分留下來，把不能用的成分統統扔掉。

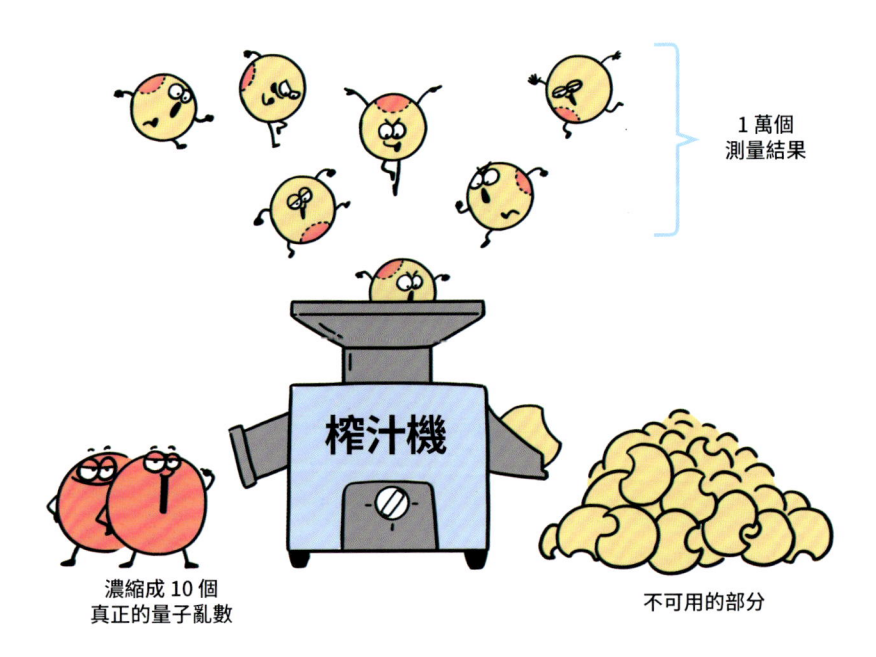

1 萬個測量結果

榨汁機

濃縮成 10 個真正的量子亂數

不可用的部分

第三章

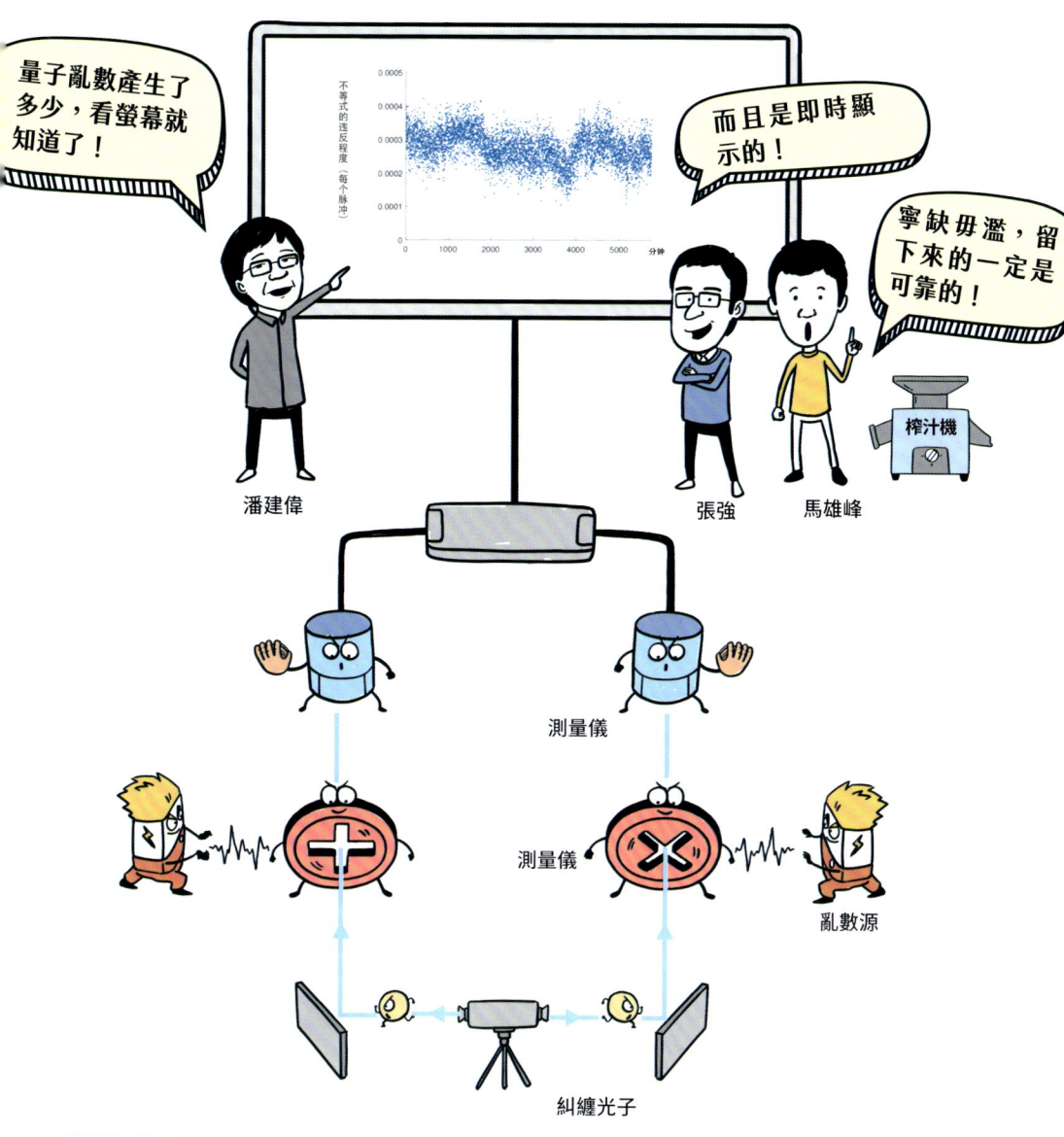

於是，這篇論文同時證明，在非常極端的情況下，就算實驗裝置中的糾纏源和探測裝置都被駭客控制了，實驗團隊只要能夠控制資料的輸入、輸出及資料處理，駭客就無法在不被察覺的前提下竊取其中的亂數。

為什麼這麼說呢？因為不管駭客搗不搗亂，最終都會有這麼一個「把好的成分留下來，把不能用的成分統統扔掉」的過程，所以，留下的東西總是安全可靠的，使用者不用擔心安全問題。

53

奇妙量子世界：人人都能看懂的量子科學漫畫

因此，「器件無關的量子亂數」的意思是說，安全的量子亂數可以僅僅透過輸入、輸出資料進行產額的檢驗總和計算，以及最終亂數的生成，與實驗器件（以及誰製造的設備）無關。

說了這麼多，量子亂數的真假真的有那麼重要嗎？沒有高品質的亂數，我們平時不是照樣打怪撿裝備嗎？其實，除了聽歌和玩遊戲之外，還有很多領域會用到高品質的亂數。

例如，在預報天氣、研製新藥、設計新材料、模擬計算和研製核武器的時候，在進行人工智慧研究、展開保密通訊的時候，人們都要用到安全、穩定、真正的亂數。如果這項量子亂數的研究及後續研究能夠實用化，就能讓各個領域的人們使用真正可靠的亂數。

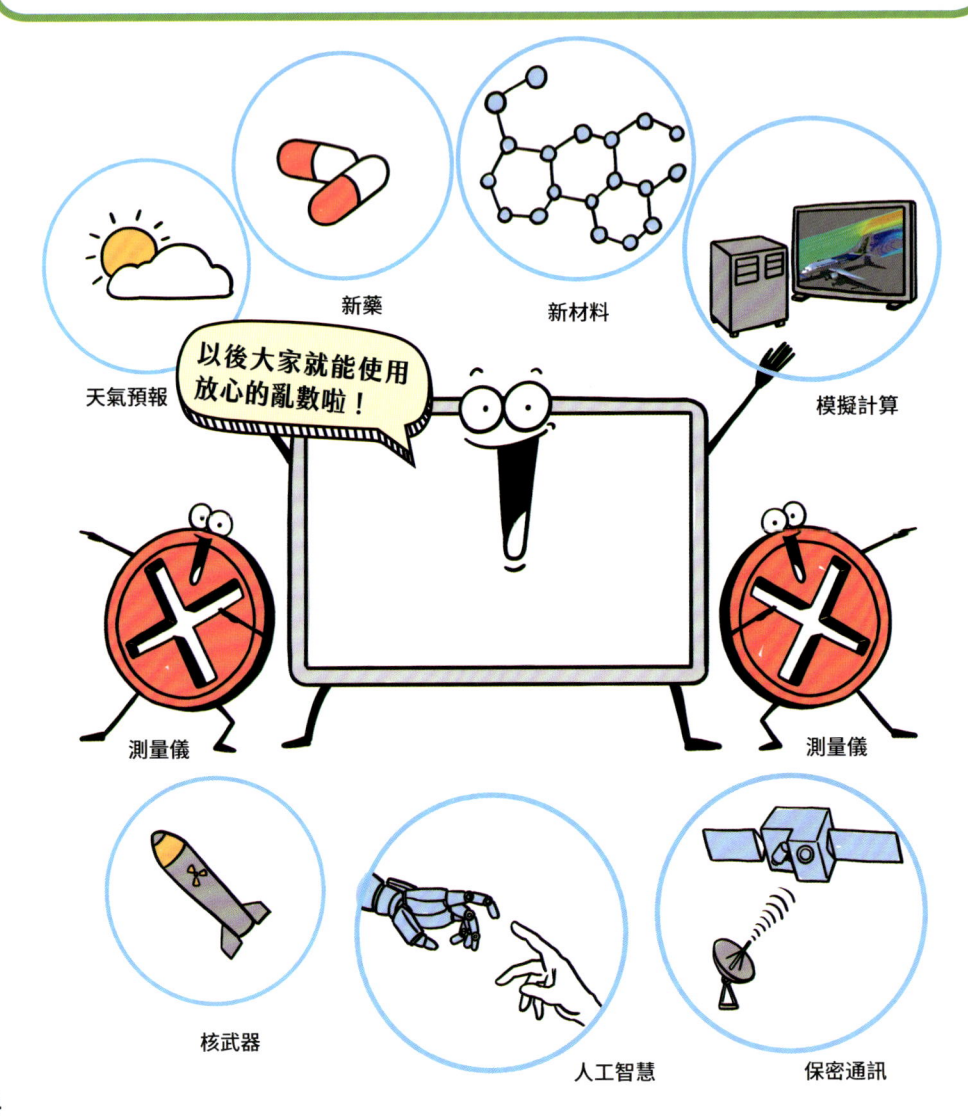

新藥

新材料

天氣預報

模擬計算

以後大家就能使用放心的亂數啦！

測量儀

測量儀

核武器

人工智慧

保密通訊

注釋：

　　通常的量子糾纏態都很脆弱。所以，用量子糾纏產生量子亂數的時候，非常考驗裝置的穩定性。為了提高裝置的性能，實驗團隊發展了高性能糾纏光源，優化了糾纏光子收集、傳輸、調製等效率，並採用中科院上海微系統所開發的高效率超導單光子探測器件，實現了高性能糾纏光源的高效探測。同時，他們透過設計快速調製並進行合適的空間分隔設計，滿足了器件無關的量子亂數產生裝置所需的類空間隔要求。最終，在世界上首次實現了可防禦量子攻擊的器件無關的量子亂數產生器。

　　因此這套設備可以長時間穩定運行，這是它具有實用價值的關鍵，也為將來影響亂數標準的制定奠定基礎。

參考文獻：

　　Liu Y, Zhao Q, Li M H, et al. Device-independent quantum random-number generation[J]. Nature, 2018, 562(7728): 548-551.

奇妙量子世界：人人都能看懂的量子科學漫畫

第四章
量子密碼學是怎麼來的？

量子密碼學

第四章

在 20 世紀 60 年代,有一個名叫**威斯納**的人,他在美國布蘭蒂斯大學上本科時,就開始對量子物理學產生了濃厚的興趣。一般的本科生學了量子物理學以後,通常也就是說幾句「將來我要拿諾貝爾獎」的狂言,然後灰頭土臉地畢業。但威斯納與眾不同,他學會量子物理學後,忽然想到一個能發財的點子!

好像要發財了……

威斯納

奇妙量子世界：人人都能看懂的量子科學漫畫

原來，在量子物理學中有一個奇怪的定理，叫作**「量子不可複製定理」**。它的意思是說，如果你製造了一個量子態 X，並且對外界保密，那麼任何人都不可能像我們用 Ctrl + C、Ctrl + V 那樣，複製一個跟它一模一樣的量子態出來。

我想要變成你的樣子！

量子不可複製

不成立

知道了這個原理後，威斯納忽然想到一個辦法，可以把它應用到實際生活中。威斯納想，市面上不是有很多假鈔嗎？如果我製造一種量子鈔票，像打浮水印一樣往每張鈔票中放入不同的祕密的量子態，別人豈不是永遠也無法偽造或複製了嗎？

第四章

但是，你可能會問了，既然偽造者複製不了量子態，那他能不能測量一下其中一張鈔票中的量子態是什麼，然後照著測量的結果仿造一大堆偽鈔呢？答案是不能。這是因為在量子物理學中，還有一個奇怪的原理，叫作 **「測不準原理」**。也就是說，任何偽造者都不可能只測一次，就準確測出量子態的全部特徵來。

59

更加奇怪的是，量子態還有個毛病，叫作「只能測一次」。不論是誰，只要對任何一個量子態做一次測量，那個量子態就會瞬間塌縮，徹底變成另外一個狀態。所以，如果第一次沒測準，那麼永遠也不會有第二次機會。所以，如果威斯納設想的量子鈔票真的能夠實現，那麼只要量子物理學沒有被推翻，它就真的可以從物理上實現「不可偽造」、「不可複製」的願望。

只能測一次

我就測了一下，你為什麼就變樣了？！

第四章

當然，威斯納後來並沒有以此發財。因為他的設想只是在原理上可行，在技術上還實現不了，威斯納想，發不了財沒關係，發篇論文應該是穩當的。於是，威斯納把他的理論寫成了一篇論文，投給了 IEEE（電氣電子工程師學會）的一家期刊，結果卻慘遭拒絕。原因也很好理解，IEEE 的那份期刊從編輯到審稿人都是搞資訊科學的，根本看不懂這篇寫滿了量子物理學符號的論文。

奇妙量子世界：人人都能看懂的量子科學漫畫

在挫折面前，威斯納並沒有對自己的理論失去信心。俗話說得好，是金子總會發光！他立志一定要讓世人知道他的理論。於是，威斯納只要逮到機會，就會宣傳自己的「量子鈔票」理論，結果遭受了更多挫折！

走過路過千萬不要錯過！
量子鈔票，瞭解一下！

2號線

威斯納

量子鈔票
瞭解一下

威斯納

62

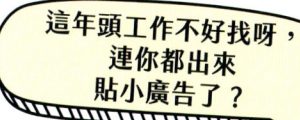

第四章

> 這年頭工作不好找呀，連你都出來貼小廣告了？

量子鈔票瞭解一下
聯絡電話 09xx-xxx-xxx

威斯納

> 唉唉唉，這個世界上根本沒有人理解我！

> 沒事，就算整個世界都不理解你，我也會全力支持你！

幸好，威斯納有個好朋友，叫作**本奈特**，當時在哈佛讀研究生。於是，威斯納就去波士頓找本奈特，把自己的這個想法告訴了他。別人可以不懂威斯納，但是本奈特不可能不懂威斯納。

威斯納　　　　　本奈特

奇妙量子世界：人人都能看懂的量子科學漫畫

聽了「量子鈔票」的理論，本奈特大為讚歎。於是，作為好朋友，他只要逮到機會，便向他人介紹威斯納的理論。只是在當時，面對如此超前的理論，回應者始終是寥寥無幾。

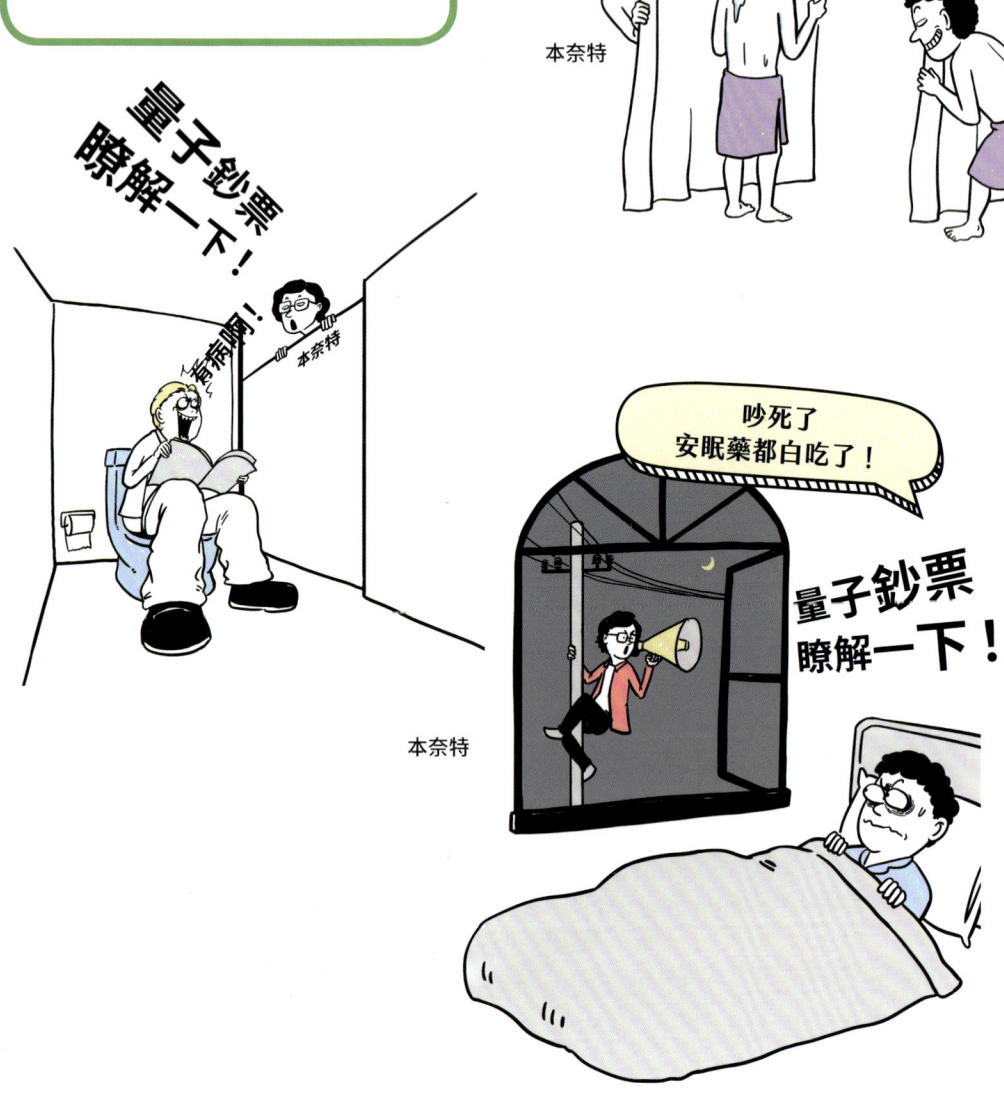

量子鈔票瞭解一下！

本奈特

量子鈔票瞭解一下！

有病啊！

本奈特

吵死了安眠藥都白吃了！

量子鈔票瞭解一下！

本奈特

64

第四章

就這樣過去了十幾年,直到 1979 年。

當時,加勒比海一個名叫波多黎各的島正在舉辦一場資訊科學的國際會議。由於波多黎各是著名的海濱度假勝地,在會議期間,科學家們總會忙裡偷閒,跳到大海裡暢游一番。

有一天,一位叫**布拉薩德**的博士生正在海裡游泳,忽然,他發現有一個人迎面向他游過來,越來越近,越來越近,然後……

奇妙量子世界：人人都能看懂的量子科學漫畫

經過深談，布拉薩德終於搞清楚了。對面游過來的這個人不是壞人，而是他讀過的一篇文章中講到的一個科學研究的作者本人，叫本奈特。

第四章

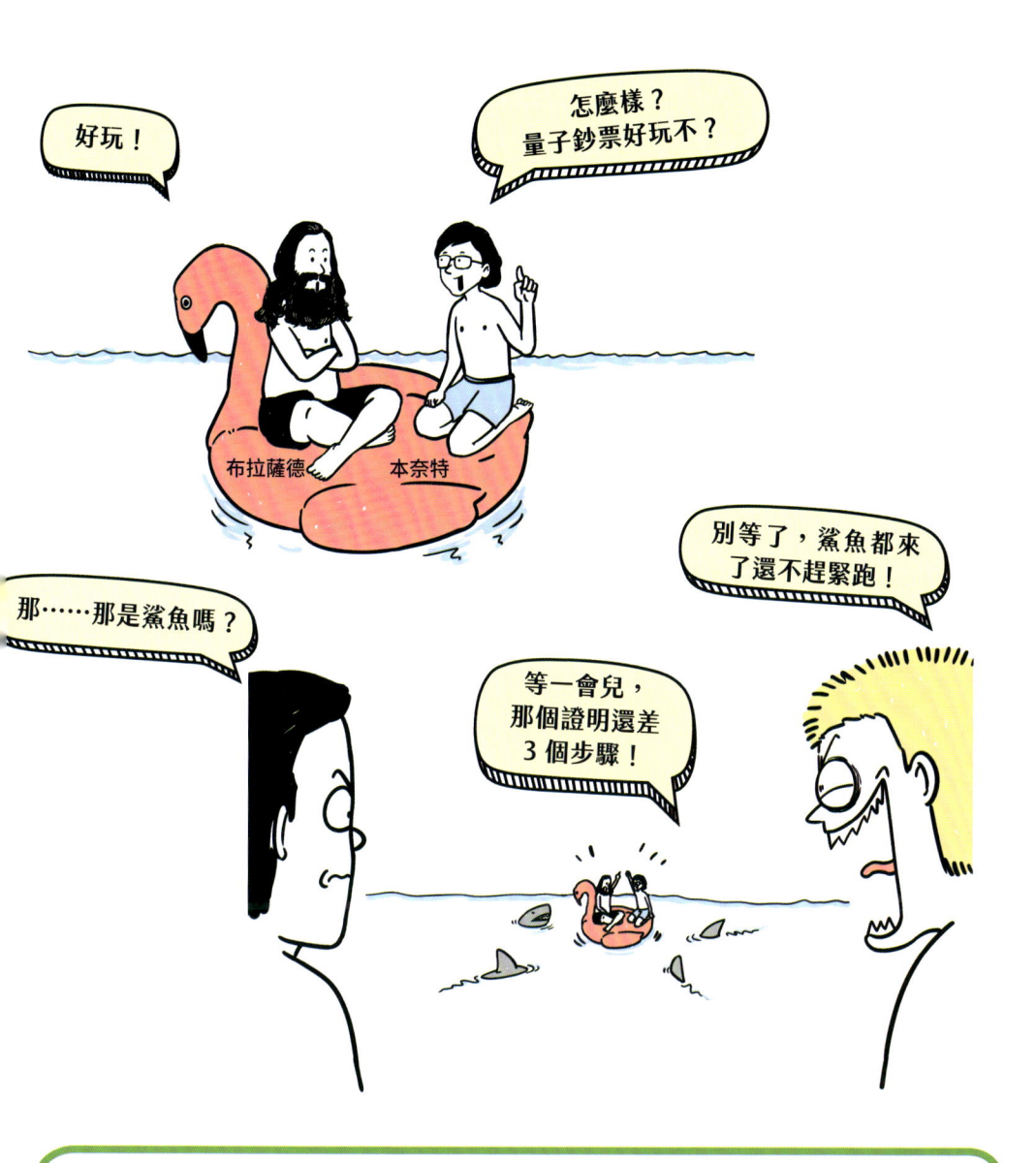

「好玩！」

「怎麼樣？量子鈔票好玩不？」

布拉薩德　本奈特

「那⋯⋯那是鯊魚嗎？」

「等一會兒，那個證明還差3個步驟！」

「別等了，鯊魚都來了還不趕緊跑！」

> 當然啦，本奈特也不是隨便搭訕布拉薩德的。布拉薩德曾經在某國際會議上做了一個報告，內容是「相對密碼學」。本奈特覺得這人肯定會對「量子鈔票」理論感興趣，所以特地游過來搭訕。

布拉薩德和本奈特這兩個年輕的科學家一見如故。他們經過思想的劇烈碰撞後，很快發現，用「量子鈔票」的理論造鈔票雖然不行，但是可以往密碼學上面套用啊！他們連忙潛心研究，在1982年時合寫了一篇論文，向世人介紹了一個新的理論，叫作「量子密碼學」。於是，在量子物理學誕生82年後，它和傳統密碼學的結晶——**量子密碼學**問世了。

不過，跟「量子鈔票」理論一樣，布拉薩德和本奈特一開始提出的「量子密碼學」方案，也有一個明顯不實用的地方。他們的初衷看起來很好，「用量子態來存儲關鍵資訊」，可是，在二十世紀七八十年代，人們最擅長操縱的量子態是在**真空中永遠以光速飛行的光子**。想想看，你能把光子存儲在口袋裡，需要用的時候再拿出來用嗎？

第四章

　　光子就是用來傳播資訊的，怎麼能存儲在口袋裡呢？於是，布拉薩德和本奈特靈機一動想到，既然光子不適合儲藏，只適合傳播，那我們為什麼不發揮它的特長，讓它來**傳遞某種「不可偽造」、「不可複製」的重要資訊**呢？

　　就這樣，1983 年，布拉薩德和本奈特又提出了一個新的理論。在這個理論中他們證明，科學家可以用光子形成的量子態，傳輸一組任意長的隨機金鑰。這個金鑰非常安全，發送者和接收者可以放心地用它來加密或解密一段資訊。不用擔心竊聽，不用擔心偽造，因為量子物理學中的「測不準原理」和「不可複製定律」，保證了它的完整性。這個理論就是後來支撐了量子密碼學半邊天的**量子金鑰分發**。

用光子發送金鑰還差不多！

這下不用擔心銀行密碼洩露了！

布拉薩德

本奈特

光子

光子發射器

旋轉的偏振片

69

奇妙量子世界：人人都能看懂的量子科學漫畫

　　有趣的是，布拉薩德和本奈特在為他們的理論投稿時，只能把長篇大論縮寫成寥寥幾句話，因為他們瞄準的 1983 年度頂級資訊理論會議 ISIT 只接受「論文摘要」。

　　俗話說得好，在家靠父母，出門靠朋友。布拉薩德也有一個好朋友，叫作巴爾加瓦。巴爾加瓦正好在負責 1984 年的 IEEE 會議。於是，在巴爾加瓦的邀請下，布拉薩德和本奈特將他們的新理論寫成了一篇文章，作為會議論文發表在 1984 年的一次 IEEE 會議上。正是因為這篇論文，他們的理論終於獲得了更廣泛的關注。並且，該理論最終以他們二人的姓名首字母命名，叫作 **BB84 協議（BB84 protocol）**。

布拉薩德　　　　巴爾加瓦　　本奈特

　　就這樣，從 20 世紀 60 年代威斯納不切實際的「量子鈔票」開始，到 1984 年 BB84 協定的發表，量子密碼學終於**正式**誕生了。

第四章

注釋：

1. BB84 協議的原始論文，至今已經被引用了 7000 多次。

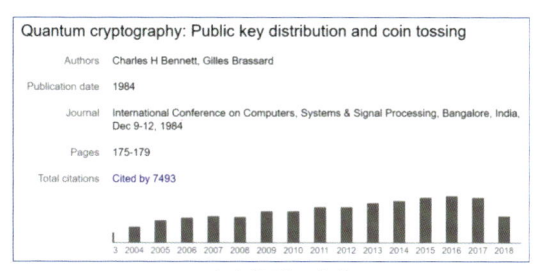

BB84 文章的引用次數

2. 經過 30 多年的發展，量子密碼學已經發展成為一門理論與實驗交相呼應的成熟學科。1989 年，科學家在 32.5 公分的距離上，第一次驗證了 BB84 協議的設想。2016 年 8 月，中國發射了世界首顆量子科學實驗衛星「墨子號」，成功地將這一距離拓展到了 1200 公里。

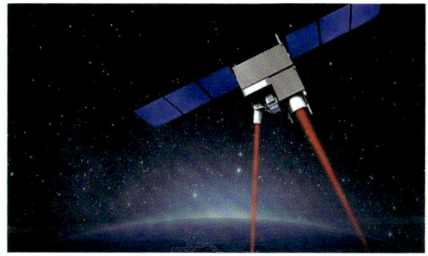

3. 1983 年，威斯納的論文終於在美國電腦協會的期刊「Sigact News」上發表了。更有趣的是，一位叫魏德曼的電腦科學家讀了威斯納的文章後，在 1997 年獨立發明了跟 BB84 一模一樣的協定。他不但將自己發明的協議也發表在「Sigact News」上，還給它取了一模一樣的名字，叫作「量子密碼學」。

參考文獻：

1. Gisin N, Ribordy G, Tittel W, et al. Quantum cryptography[J]. Reviews of modern physics, 2002, 74(1): 145.
2. Brassard G. Brief history of quantum cryptography: A personal perspective[C]//IEEE Information Theory Workshop on Theory and Practice in Information-Theoretic Security, 2005. IEEE, 2005: 19-23.

第五章

5 分鐘看懂「墨子號」量子衛星的千公里級量子糾纏分發

但願人長久，千里共糾纏

第五章

2016年8月，中國發射了一顆量子科學實驗衛星——墨子號。墨子號首次開展了星地間量子保密通訊實驗和量子隱形傳態實驗。

哇，這麼厲害！

有了我的量子保密通訊，媽媽再也不用擔心妳被竊聽了！

73

奇妙量子世界：人人都能看懂的量子科學漫畫

> 今天我們要講的是墨子號的第三個任務，即透過向地面發射一對對糾纏光子，來驗證在量子力學中，「上帝」到底「擲不擲骰子」。

> 你做個實驗不就知道了嗎？

> 別跑，快說說你在量子力學裡到底有沒有擲骰子？！

> 話說量子力學中有很多難以理解的現象。比方說，光子可以朝著某個方向進行振動，叫偏振。

光子偏振的幾種方式

↑ 偏振

→ 偏振

↗ 偏振

↖ 偏振

圓偏振

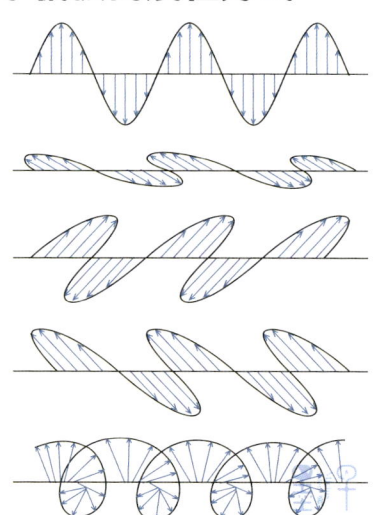

74

第五章

在量子力學中，一個光子居然可以同時處在水平偏振和垂直偏振兩個量子狀態的**疊加態**。

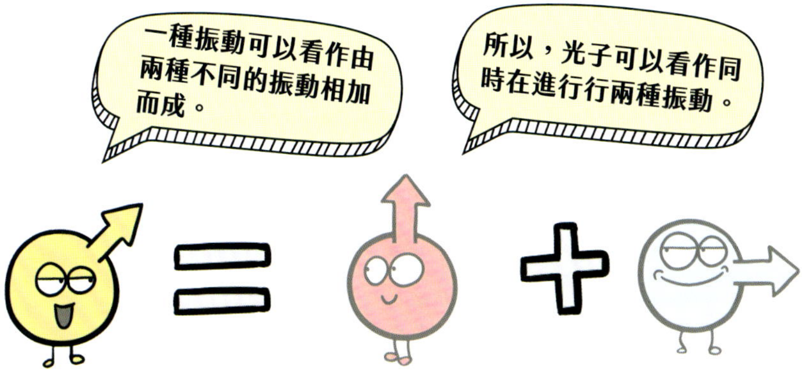

> 一種振動可以看作由兩種不同的振動相加而成。

> 所以，光子可以看作同時在進行行兩種振動。

↗偏振的光子可以看作它同時朝↑和→振動

但如果你拿一個儀器在這兩個方向上測量這樣的光子，就會發現，每次測量只會得到其中一個結果：要麼是水平的，要麼是垂直的。測量結果完全隨機。這就是量子力學的另一個怪現象：測量疊加態的**結果完全拼機率**。

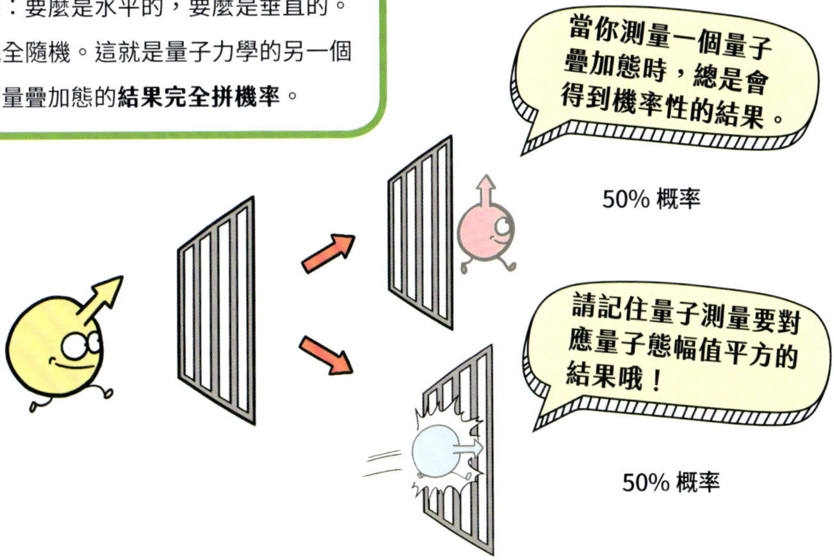

> 當你測量一個量子疊加態時，總是會得到機率性的結果。

50% 概率

> 請記住量子測量要對應量子態幅值平方的結果哦！

50% 概率

75

奇妙量子世界：人人都能看懂的量子科學漫畫

對應量子態幅值平方的結果的怪事，讓量子力學的創始人之一愛因斯坦非常不滿意，他還因此跟另一個創始人波爾發生過一場論戰。

胡說！
上帝不可能擲骰子！

上帝擲骰子！

對哦，我們吵了這麼多年，還都停留在理論層面。

怎麼就沒人幫我們想，如何才能做實驗呢？

論戰雖然很火爆，但直到兩個人去世，都沒有戰出勝負來。因為他們的爭吵總是停留在**理論**上。而在物理學中，誰說了都不算，**最後還得看實驗**。

76

第五章

1964年，物理學家約翰·貝爾提出了一個實驗方案，能夠檢驗他們誰對誰錯。

只要做了這個實驗，就能檢驗愛因斯坦有沒有說錯。

哇，這個實驗真巧妙！

厲害了我的貝爾！

簡而言之，貝爾要讓一台機器不斷向兩個方向發射一對對糾纏光子，然後隨機沿著不同的角度，分別對糾纏光子的偏振方向進行測量。

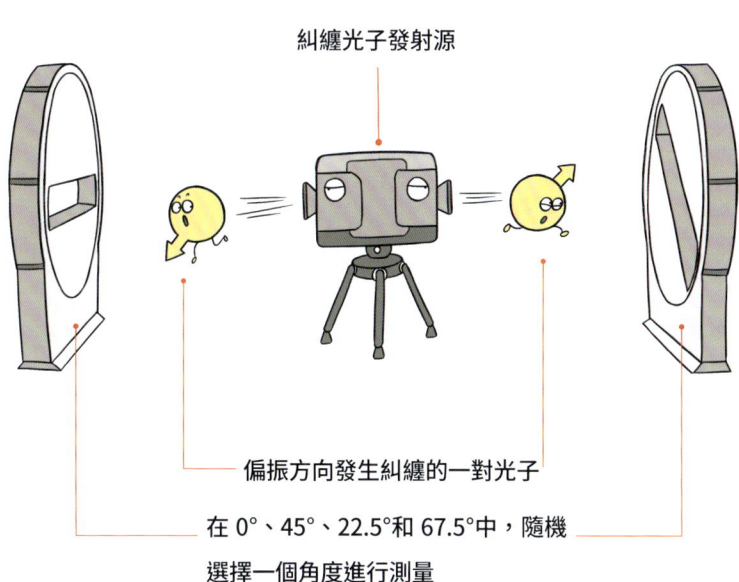

糾纏光子發射源

偏振方向發生糾纏的一對光子

在 0°、45°、22.5°和 67.5°中，隨機選擇一個角度進行測量

奇妙量子世界：人人都能看懂的量子科學漫畫

　　無論它們相距多遠，只要你測量其中一個光子，另一個光子也會瞬間發生回應。這是愛因斯坦說的**「鬼魅般的超距作用」**。

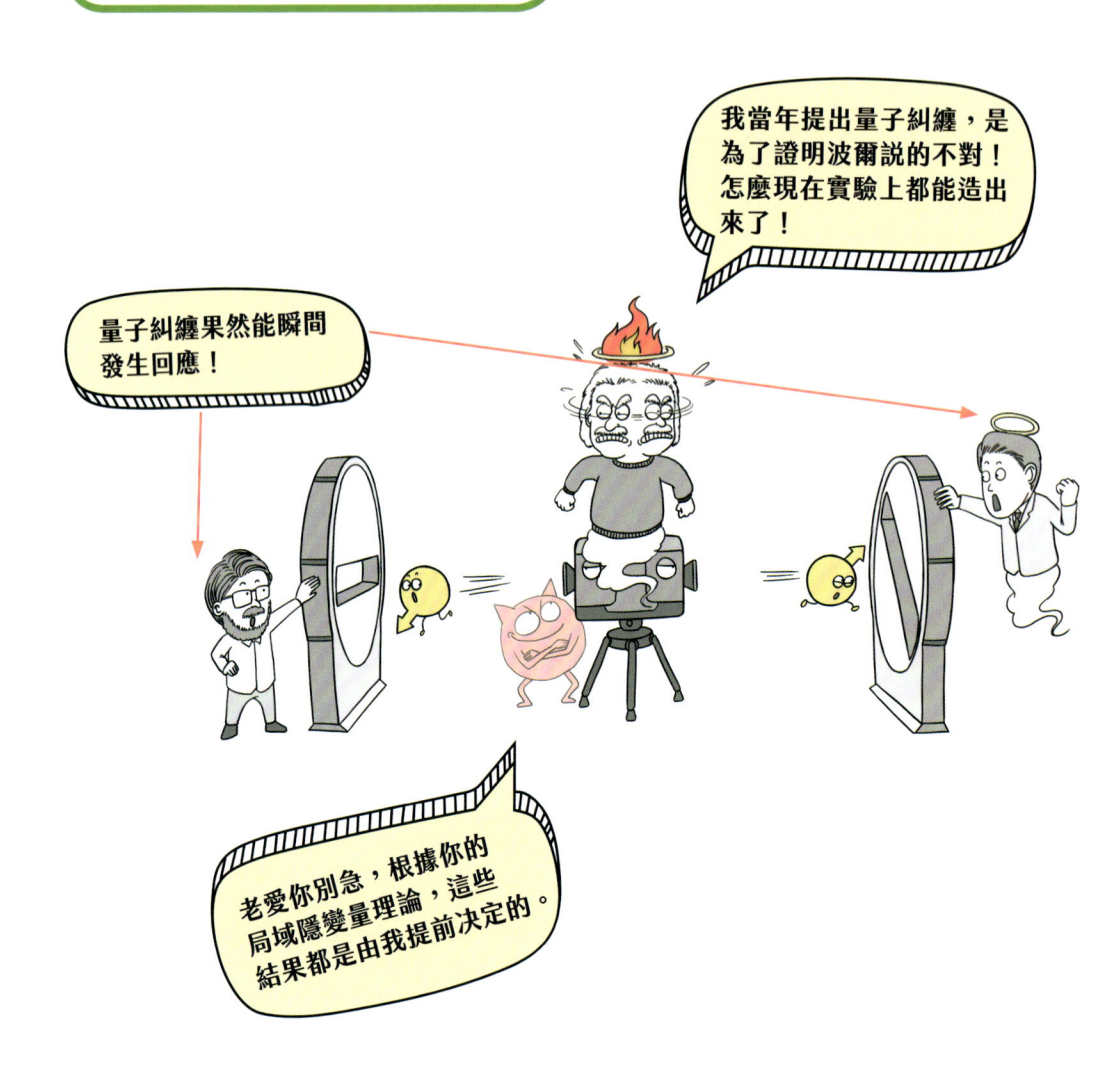

我當年提出量子糾纏，是為了證明波爾說的不對！怎麼現在實驗上都能造出來了！

量子糾纏果然能瞬間發生回應！

老愛你別急，根據你的局域隱變量理論，這些結果都是由我提前決定的。

78

第五章

> 如果量子力學如愛因斯坦所說,每單次的測量結果並不是完全隨機產生的,而是由某種人們目前可能暫時無法理解的所謂「**局域隱變數**」操縱的,並且一個地點的測量資訊即使以光速飛行,也來不及在實驗結束之前影響到另一個地點的測量,那麼實驗結果就會滿足一個不等式——**貝爾不等式**。

如果這個不等式成立,那麼愛因斯坦就贏了。

贏定了!

貝爾不等式

$$|P(a,b) - P(a,b') + P(a',b) + P(a',b')| \leq 2 \quad \text{愛因斯坦贏}$$
$$= 2\sqrt{2} \quad \text{量子力學贏}$$

局域隱變數

哼哼,別得意太早,咱們走著瞧。

注:黑板上其實是被 Clauser、Horne、Shimony 和 Holt 四人修改過的貝爾不等式。實驗中檢驗的就是這個不等式。

在貝爾不等式的實驗中，科學家總是要將兩個探測裝置相隔一定距離放置。他們每做完一輪實驗都會想，**如果距離再遠一些，量子糾纏是否仍然存在，貝爾不等式的結果會不會改變？會不會受到引力等其他因素的影響？**

於是，在科學精神的驅使下，他們將探測裝置越放越遠。

第五章

如果在地面上做這個實驗，光子就會受到大氣的干擾，傳輸距離不可能太長。所以，之前科學家做過的最遠距離的實驗相距 100 公里。

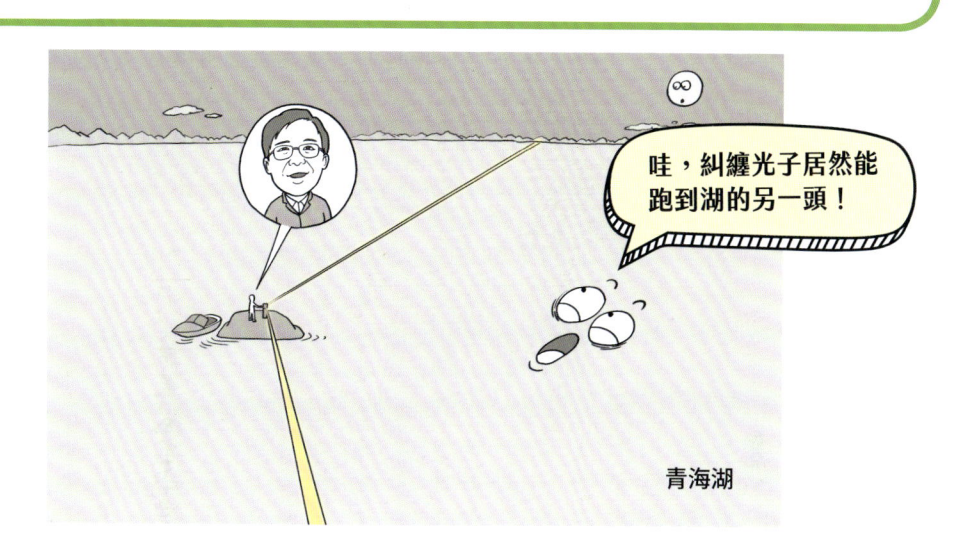

哇，糾纏光子居然能跑到湖的另一頭！

青海湖

隨便發個光子就是 1000 公里，空氣干擾不要緊。

我海拔 3 公里，空氣稀薄了也有好處！

不要以為我們只會搞旅遊業！量子物理學也可以！

德令哈　麗江

但是在太空中就不同了，因為衛星軌道附近基本上是真空，大部分空氣都貼在地球表面，所以，從太空中向地面發射糾纏光子，受到的干擾就會比較小。

奇妙量子世界：人人都能看懂的量子科學漫畫

王建宇　Science 文章第一作者印娟　彭承志　潘建偉

2017 年 6 月，中國科學技術大學潘建偉教授及其同事彭承志等，聯合中科院上海技術物理研究所王建宇組、微小衛星創新研究院、光電技術研究所、國家天文臺、國家空間科學中心等，利用量子科學實驗衛星，在相距 1200 公里的兩個地面站之間，成功完成了貝爾不等式的測量。

第五章

實驗結果再次證明，愛因斯坦的願望落空了，他的局域隱變數理論依然不成立。

別哭別哭，我們仍然愛您！

怎麼又是我錯了！我可是愛因斯坦啊！

$|P(a,b) - P(a,b') + P(a',b) + P(a',b')| \leq 2$ 愛因X坦贏
$= 2\sqrt{2}$ 量子力學贏

那我在這兒還有什麼用！

誰叫你這次觀念保守了，平時不是挺前衛的嗎？

墨子號衛星的實驗結果，以封面文章的形式發表在《科學》雜誌上。

你們倆不要吵架了哦。我要繼續去做量子科學實驗了！

你儘管放心，我會好好照顧老愛的！

這個實驗證明，中國科學家有能力在太空中，向相距 1200 公里的兩個地面站發送糾纏光子對，這就為將來發展**一種基於量子糾纏的量子保密通訊**打下了基礎。

第六章

第六章

量子衛星如何從千公里高空，把光子撒進地上的小鏡子裡？

奇妙量子世界：人人都能看懂的量子科學漫畫

> 謝耳朵電視臺、謝耳朵電視臺，歡迎收看晚間新聞。
>
> 2016年8月，中國發射了一枚量子科學實驗衛星，叫作墨子號。在一年的工作中，墨子號勤勤懇懇、任勞任怨，一會發射光子，一會接收光子。可是，墨子號在天上跑得那麼快，地上的望遠鏡那麼小，它是如何跟地面互相瞄準的呢？
>
> 為了慶祝墨子號發射成功一週年，並且圓滿地完成了科學家交待的任務，量子科學實驗衛星墨子號首次接受了本台記者的採訪。請看駐太空記者月小亮發回的報導。

各位觀眾晚上好，今天是2017年8月10日。去年發射的量子衛星墨子號，已經在天上轉了快一年了。

我這一年主要做了兩件事。

哪兩件？

墨子號

在這350多個日日夜夜裡，它完成了哪些工作呢？

86

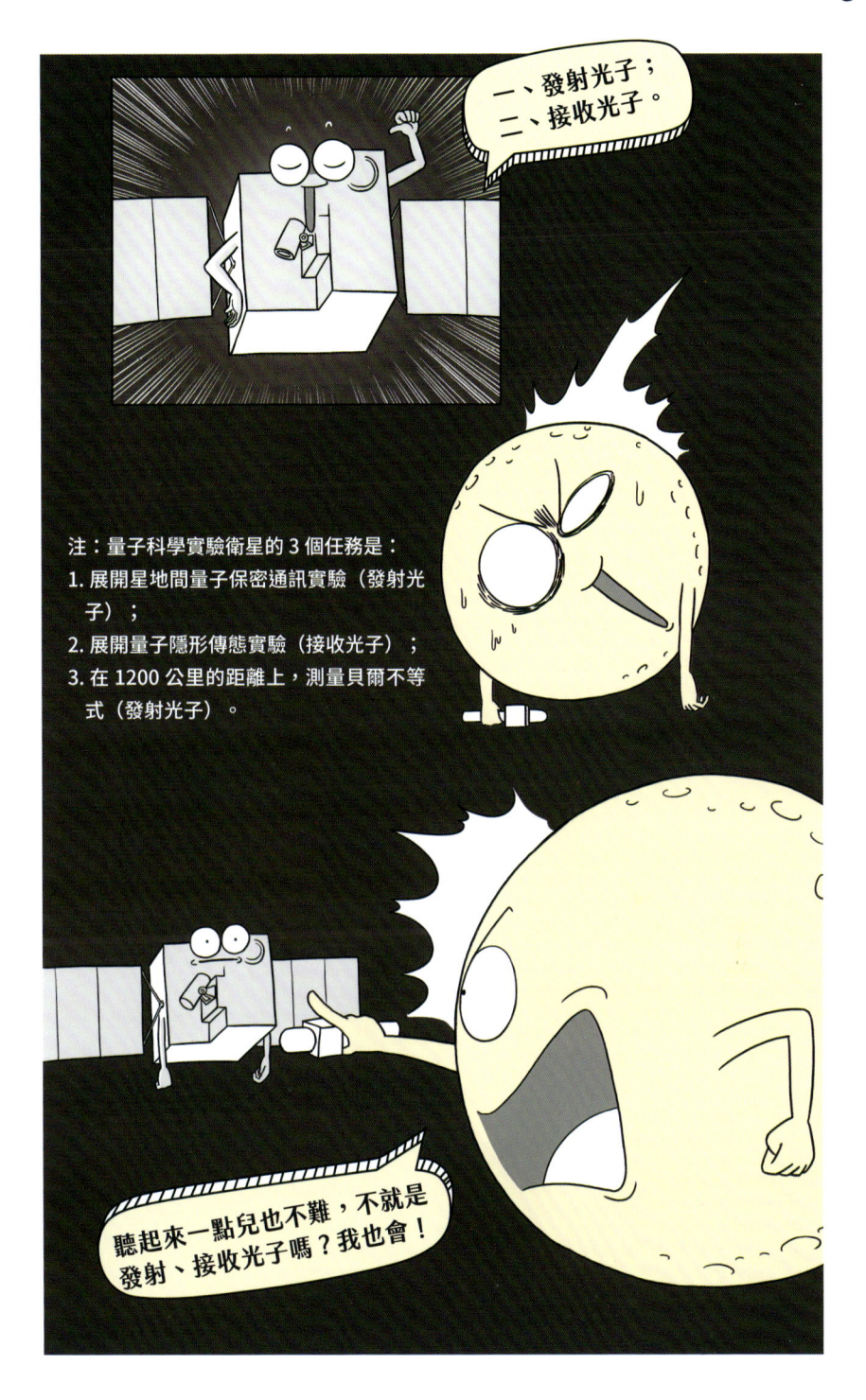

第六章

一、發射光子；
二、接收光子。

注：量子科學實驗衛星的3個任務是：
1. 展開星地間量子保密通訊實驗（發射光子）；
2. 展開量子隱形傳態實驗（接收光子）；
3. 在1200公里的距離上，測量貝爾不等式（發射光子）。

聽起來一點兒也不難，不就是發射、接收光子嗎？我也會！

奇妙量子世界：人人都能看懂的量子科學漫畫

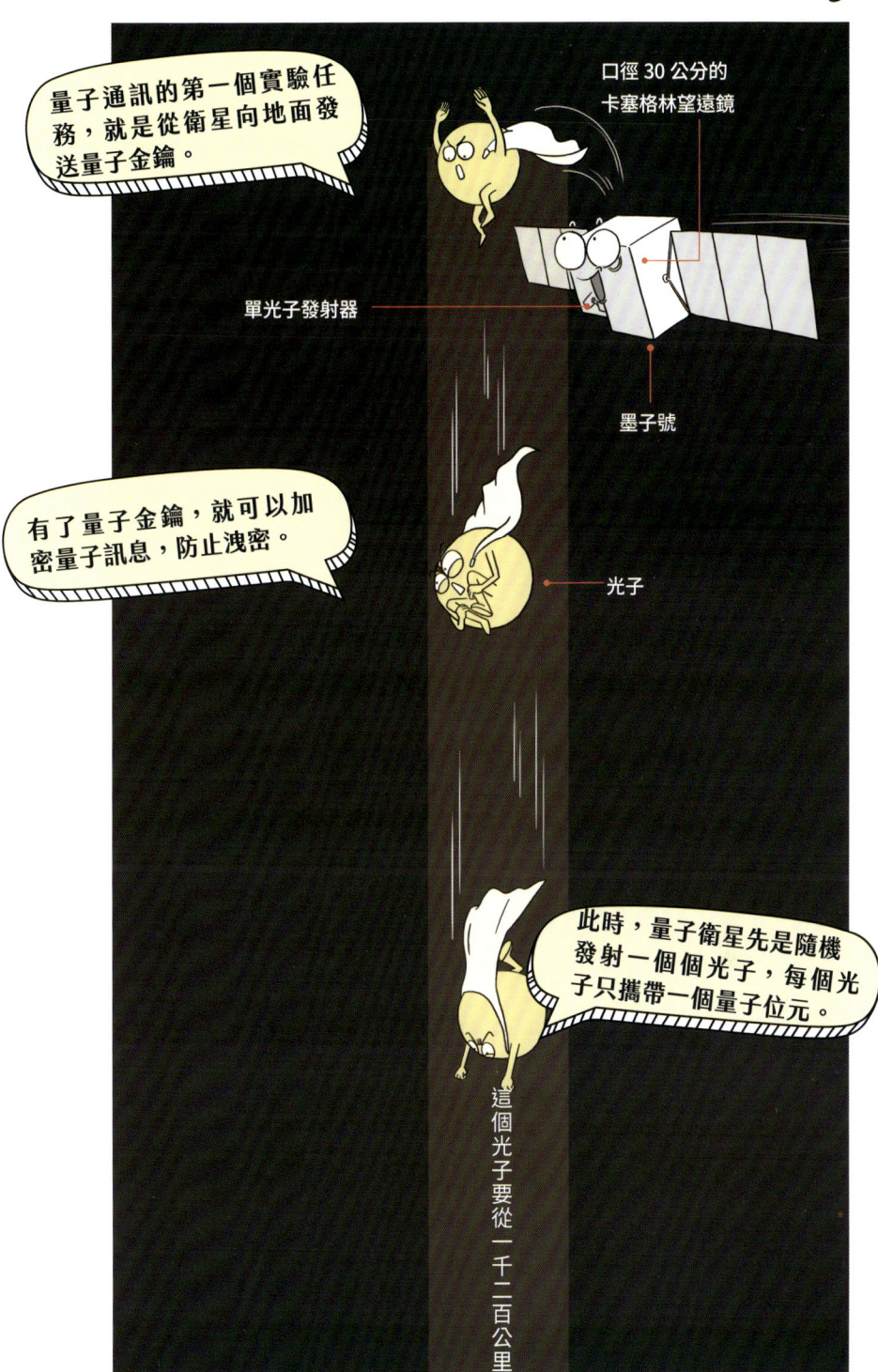

第六章

量子通訊的第一個實驗任務，就是從衛星向地面發送量子金鑰。

口徑 30 公分的卡塞格林望遠鏡

單光子發射器

墨子號

有了量子金鑰，就可以加密量子訊息，防止洩密。

光子

此時，量子衛星先是隨機發射一個個光子，每個光子只攜帶一個量子位元。

這個光子要從一千二百公里

89

的高空中俯衝下去，不能瞄錯方向，

第六章

必須沿著這個方向，

瞄錯方向就完了。

奇妙量子世界：人人都能看懂的量子科學漫畫

手電筒

光子發散的角度特別小。

不能像手電筒一樣向外發散，

有的光子被大氣層折射，

有的光子被大氣層吸收，

大氣

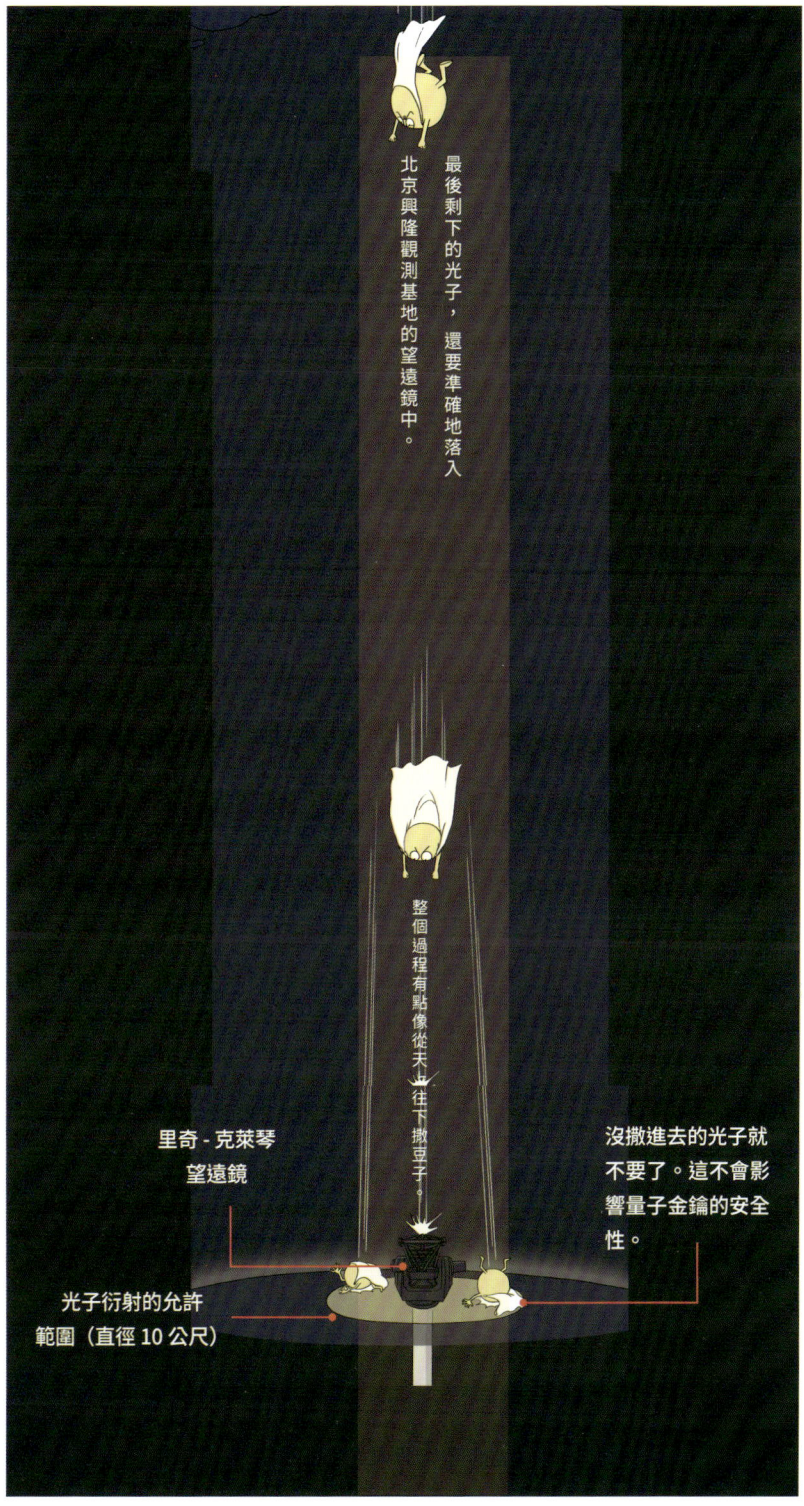

第六章

最後剩下的光子，還要準確地落入北京興隆觀測基地的望遠鏡中。

整個過程有點像從天上往下撒豆子。

里奇-克萊琴望遠鏡

沒撒進去的光子就不要了。這不會影響量子金鑰的安全性。

光子衍射的允許範圍（直徑 10 公尺）

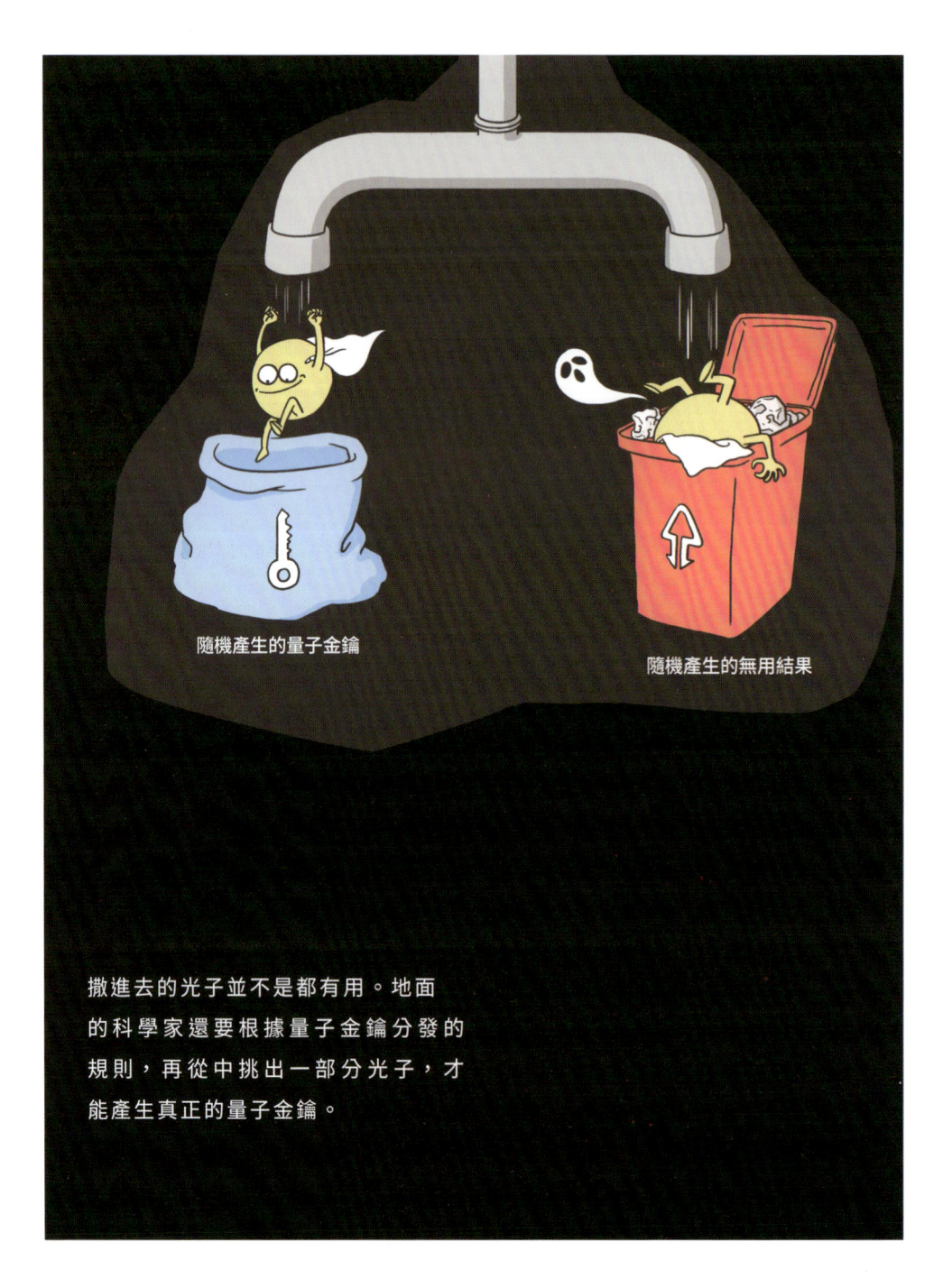

奇妙量子世界：人人都能看懂的量子科學漫畫

隨機產生的量子金鑰

隨機產生的無用結果

撒進去的光子並不是都有用。地面的科學家還要根據量子金鑰分發的規則，再從中挑出一部分光子，才能產生真正的量子金鑰。

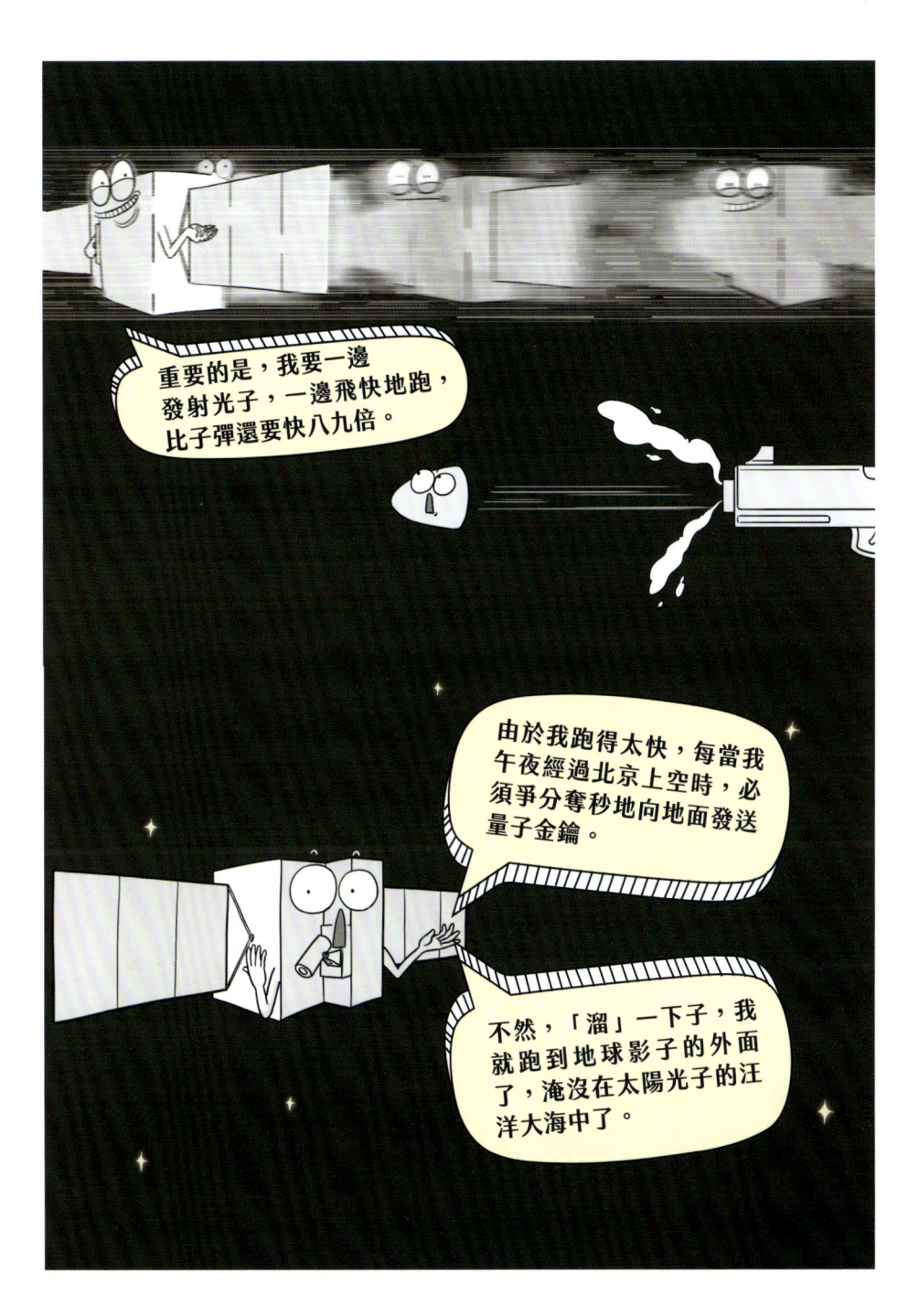

第六章

重要的是，我要一邊發射光子，一邊飛快地跑，比子彈還要快八九倍。

由於我跑得太快，每當我午夜經過北京上空時，必須爭分奪秒地向地面發送量子金鑰。

不然，「溜」一下子，我就跑到地球影子的外面了，淹沒在太陽光子的汪洋大海中了。

奇妙量子世界：人人都能看懂的量子科學漫畫

天黑黑欲落雨，
阿公仔舉鋤頭欲掘芋！

天黑黑欲落雨，
阿公仔舉鋤頭欲掘芋！♪

一邊飛跑一邊瞄準地球上的小鏡子發射單個光子，看起來果然有點難啊！

那當然！

你和北京的那個小鏡子，到底是怎樣相互瞄準的呢？

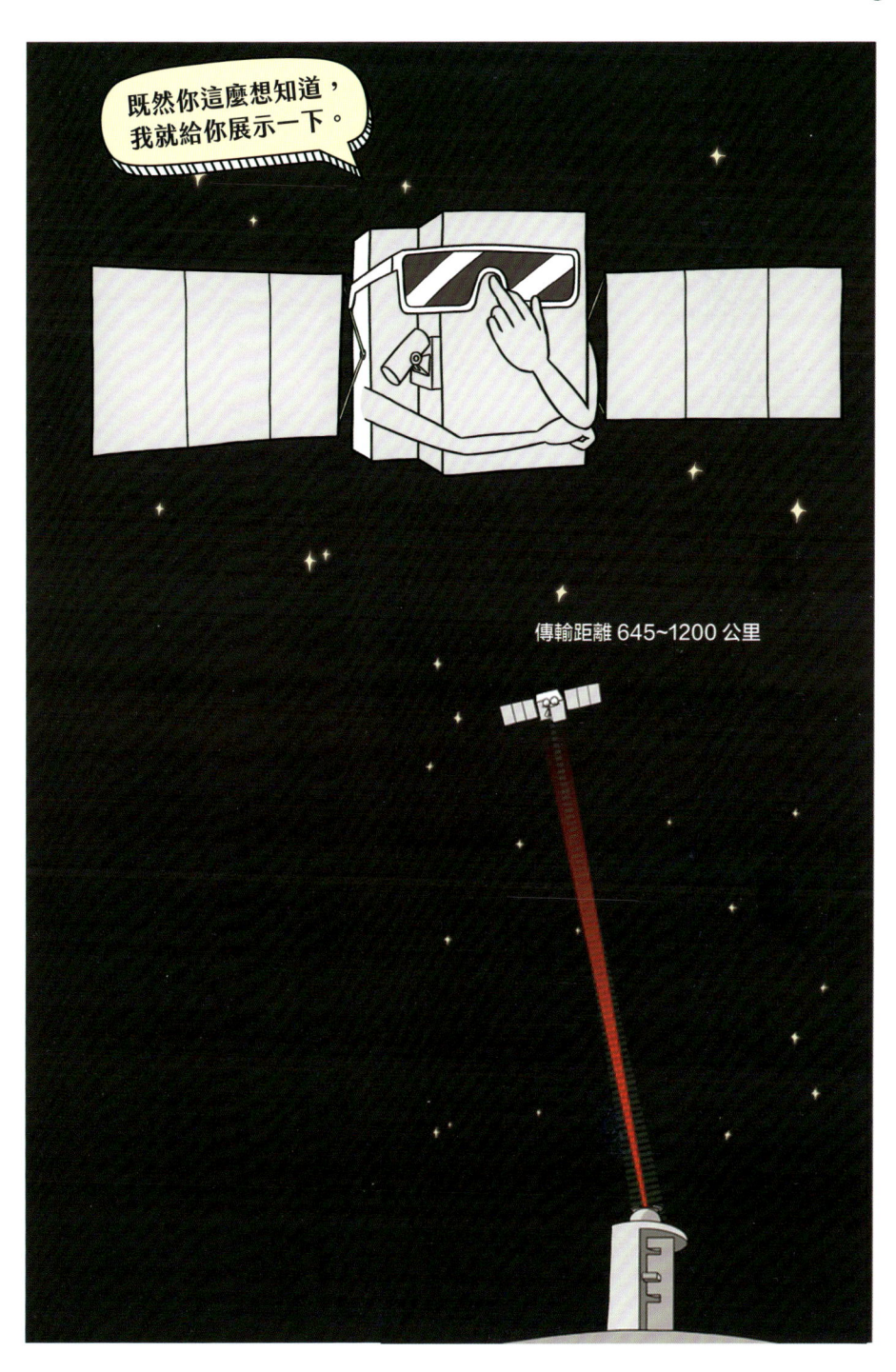

第六章

上頁這個叫信標光，其實就是我和北京相互發射鐳射。
哇！好酷炫！這玩意兒叫什麼？
我一邊在天上跑，一邊用鐳射跟北京握手，一邊發射量子通訊的單個光子。這樣就不會搞錯方向啦！
所以，我先給北京發送一套量子金鑰，再給烏魯木齊的南山站發送一套量子金鑰。透過金鑰的中繼操作之後，兩個相距2500公里的城市就能實現安全度極高的量子保密通訊啦！
烏魯木齊
北京
好厲害！！！

第六章

奇妙量子世界：人人都能看懂的量子科學漫畫

注釋：

　　如果在衛星和地面站之間的不是太空和大氣層，而是一根 1200 公里長的光纖，量子通訊恐怕就弄不成了。這是因為大氣層雖然會折射和吸收光子，但大氣層相對稠密的部分畢竟只有十幾公里。就算一根光纖產生的光子損耗很小，但如果將 1200 公里的光纖連起來，損耗就非常恐怖了。

　　在 1200 公里的光纖中，假設量子實驗衛星每秒能發射一百億個光子，再假設地面望遠鏡安裝了探測效率 100% 的完美探測器，那麼地面要想成功接收一個量子位元的金鑰，也需要花上數百萬年的時間！

　　所以，在這樣的距離上，量子實驗衛星和地面之間的傳輸效率足足比同等距離地面光纖通道高了一萬億倍，也就是 100 000 000 000 000 000 000 倍！

參考文獻：

Liao S K, Cai W Q, Liu W Y, et al. Satellite-to-ground quantum key distribution[J]. Nature, 2017, 549(7670): 43-47.

第七章

第七章

物質的本質是資訊嗎？
5分鐘看懂中國地星
量子隱形
傳態實驗

101

量子通訊、量子計算和科幻小說中，有一種神奇的狀態扮演著重要的角色。

如在量子通訊、量子計算和科幻小說中，有一種神奇的狀態扮演著重要的角色。

如果有一對粒子形成了這種狀態，不論它們相距多遠，只要你測量其中一個粒子，另一個粒子也會瞬間發生回應。在常人眼中，它們彷彿能夠超越光速的限制，形成了一種「超光速的心靈感應」，就連愛因斯坦也無法透徹地理解這種概念，只好揶揄說，這是一種「鬼魅般的超距作用」。

在中國科幻小說《三體》中，這種狀態更是成了推動小說情節發展的關鍵黑科技。借助這種狀態，三體人再也不用擔心光速的限制，能夠從 4.2 光年外的老家，向地球暫態傳遞資訊，順利完成在地球上扶植「人奸」的任務。

說到這兒，你可能想起來了，這種神祕的狀態就是在朋友圈裡深受歡迎的偽科學文章中描述的、讓霍金的哥們羅傑‧彭羅斯從一個正統科學家滑入「民間科學家」深淵的「**量子糾纏**」。在 2017 年年初，墨子號施展了一項關於量子糾纏的絕活：**在 1200 公里的距離上，完成了量子糾纏光子對的分發實驗。**

墨子號的另一項絕活也跟量子糾纏有關，這項絕活在科幻小說中的名字比量子糾纏還要響亮，叫「**量子傳送**」（它的學名叫**量子隱形傳態**）。

今天我們要說的是，中國科學家首次將地球上物質的量子狀態，「傳送」到了 1400 公里外的墨子號上。他們是怎麼做到的呢？

> 你們太土了，連傳送機都沒坐過。讓哥給你們示範一下。

量子傳送可不是你想像的那樣：把人關進一個玻璃罩裡，用一束光一照，「咻」的一聲，他就消失了。

第七章

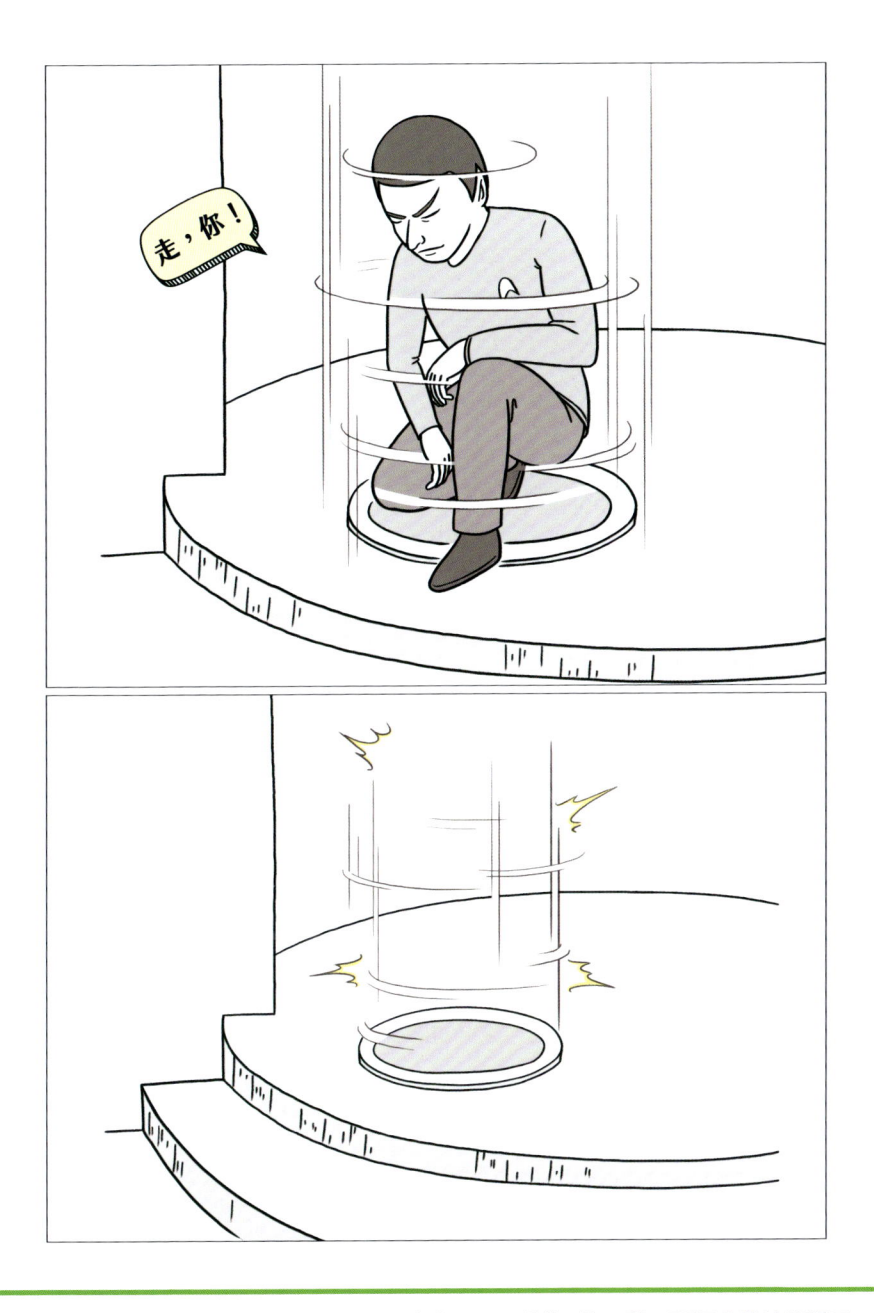

然後在1000公里之外的太空，又有一束光一照，「咻」的一聲，那個人就被傳送了。

103

奇妙量子世界：人人都能看懂的量子科學漫畫

第七章

你想得太美了，那是魔法傳送，在科學上不可行。

跟魔法傳送相比，墨子號完成的量子傳送實驗，有 4 個不一樣的地方。

1. 量子傳送不能憑空把物體傳送到遠處

它傳送的是一個粒子的量子狀態，而不是粒子本身。我們姑且把這個粒子叫作光子 X。

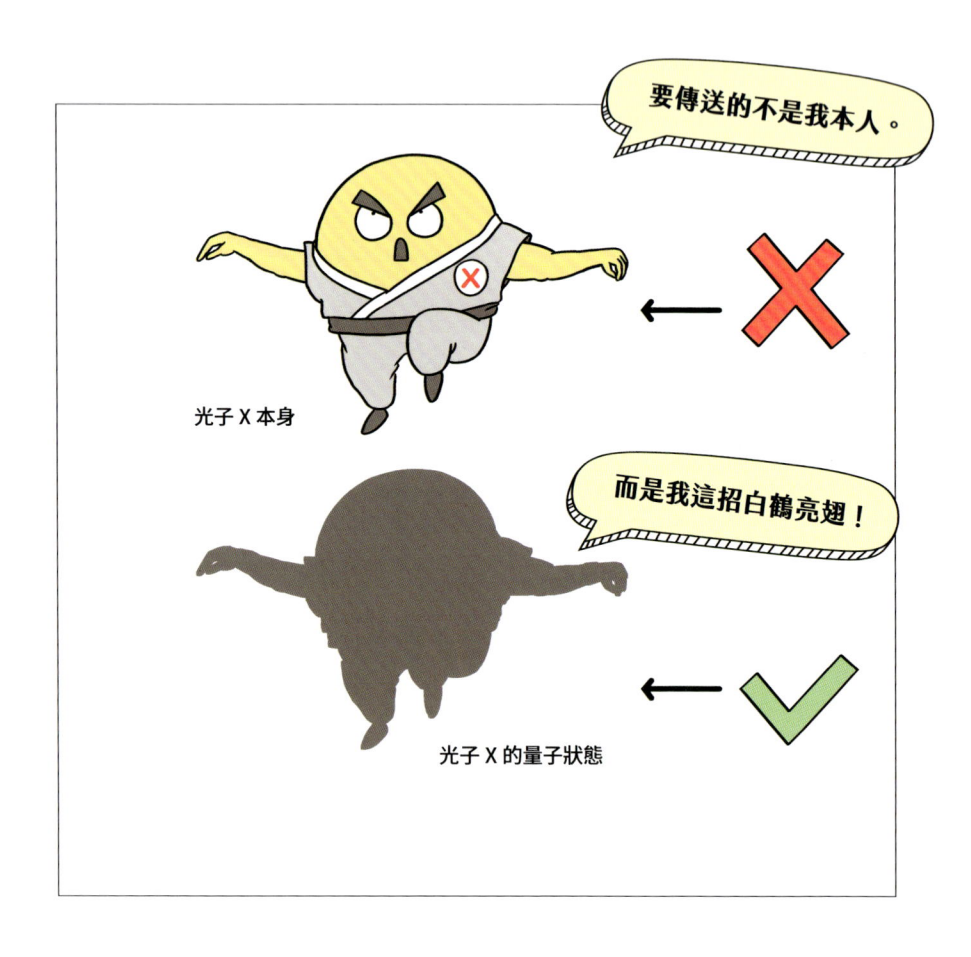

要傳送的不是我本人。

光子 X 本身 ← ❌

而是我這招白鶴亮翅！

光子 X 的量子狀態 ← ✓

第七章

量子傳送的過程也不是憑空發生的，而是需要借助一個粒子（我們把它叫作光子 A），將光子 X 的量子狀態傳送到遠處另一個粒子（我們把它叫作光子 B）的身上。在中國的地星量子隱形傳態實驗中，這 3 個粒子都是光子。

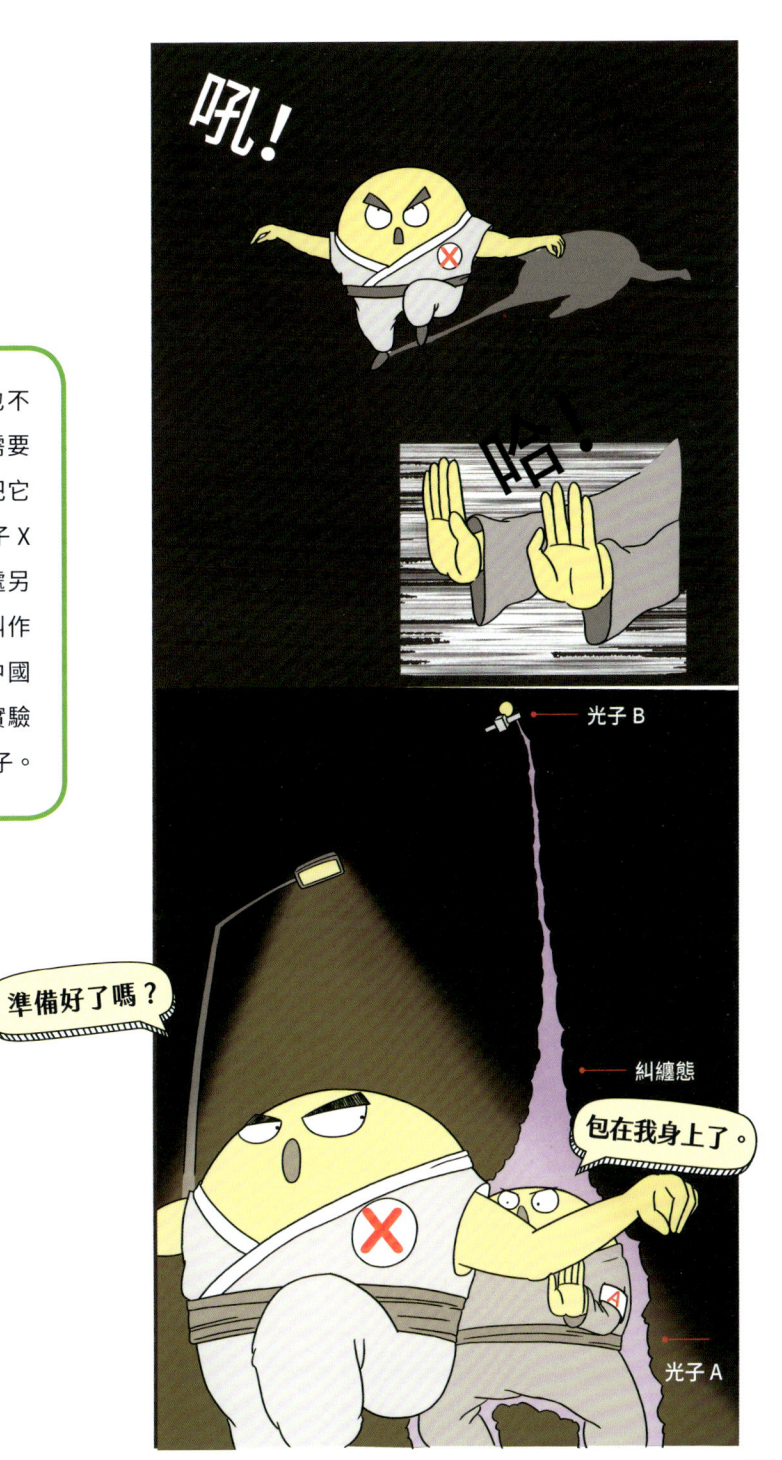

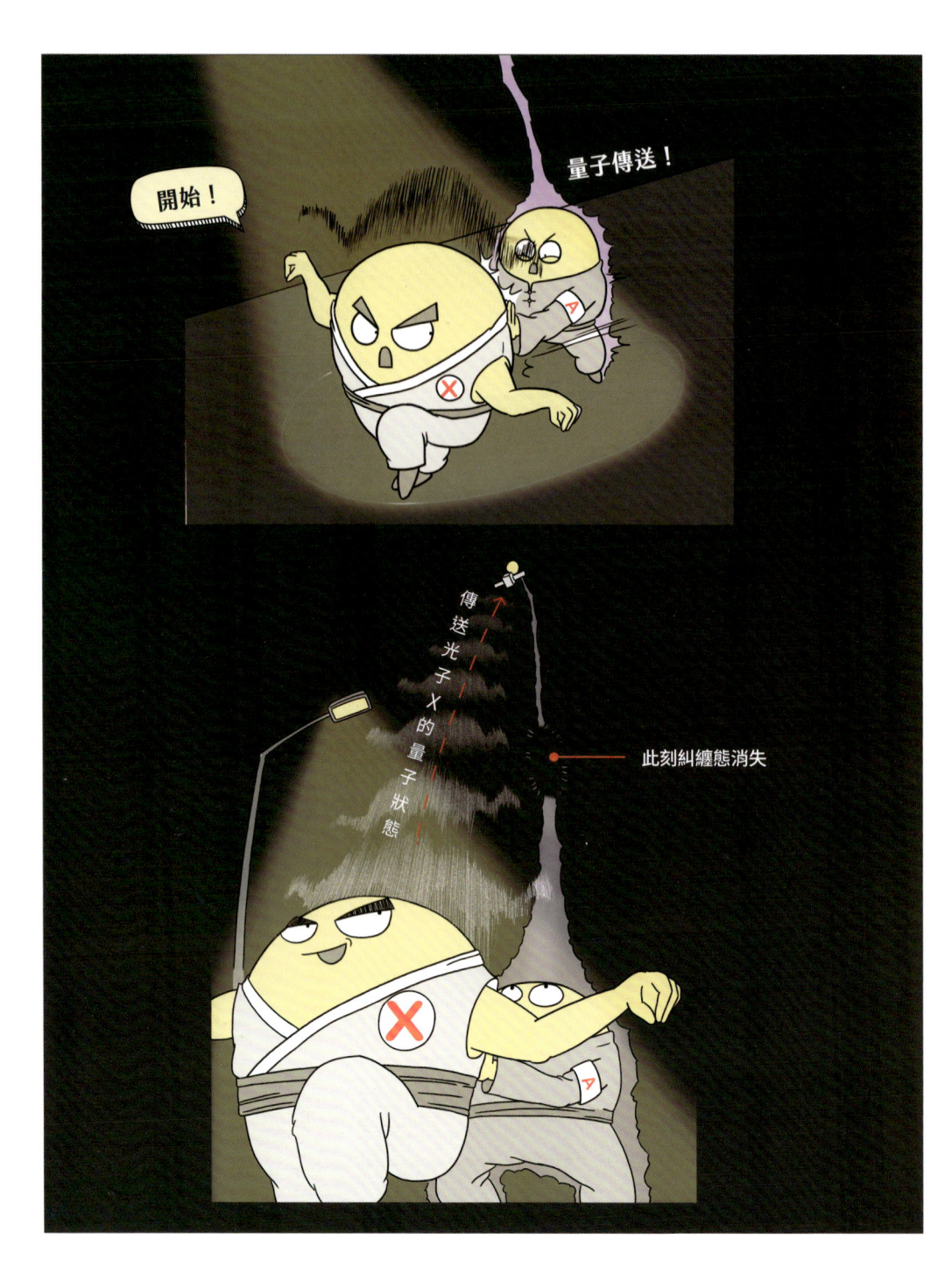

奇妙量子世界：人人都能看懂的量子科學漫畫

第七章

奇妙量子世界：人人都能看懂的量子科學漫畫

量子傳送進行的時候，物質既沒有憑空消失，也沒有憑空出現。傳送之前有 3 個粒子，傳送之後還是 3 個粒子。只不過 3 個粒子的狀態都變了。

2. 實驗用到的粒子可不是隨便選的
A 和 B 在傳送之前，必須先形成量子糾纏的狀態。量子傳送，就是利用 A 和 B 之間的量子糾纏，透過 X 和 A 的相互作用，將 X 的量子狀態的一些特徵，傳送到遙遠的 B 身上。

量子糾纏是一種奇妙的量子狀態。當一對粒子形成量子糾纏時，只要你測量其中一個粒子，另一個粒子也會瞬間發生回應。

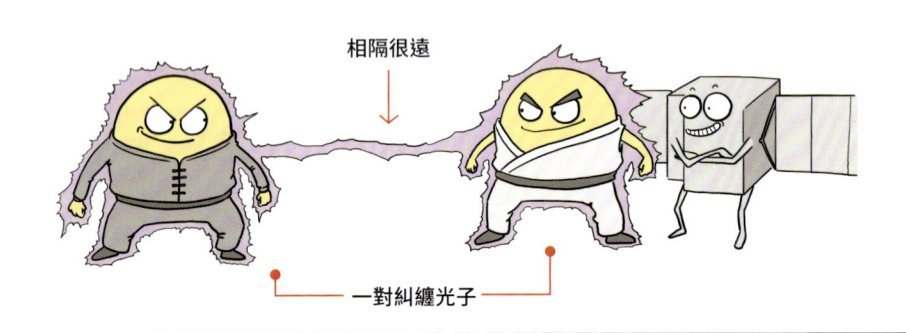

相隔很遠

一對糾纏光子

癢～～
癢～～
癢～
癢

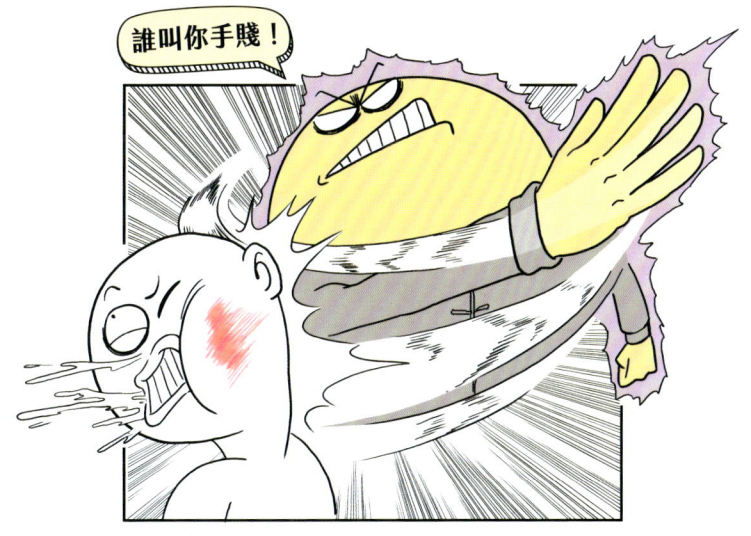

第七章

奇妙量子世界：人人都能看懂的量子科學漫畫

與此同時

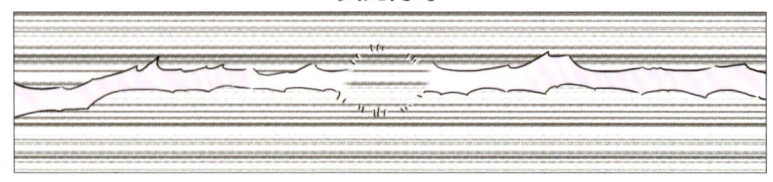

怎麼回事？

這就是測量結果！

咦，我的狀態為什麼變化了？

幹嘛打我？

糾纏態消失

注：以上是一個比喻。實際過程是隨機發生的，需要用量子力學的數學公式描述，詳情請繼續往下看。

112

第七章

3. 量子傳送不能超越光速傳遞資訊（愛因斯坦：讀到此處，破涕為笑）

你可能會問了，剛才不是說，「如果一對粒子發生了量子糾纏，只要你測量其中一個粒子，另一個粒子也會瞬間發生回應」嗎？如果另一個粒子能夠瞬間回應，難道不可以利用它超光速傳遞資訊嗎？

其實，之前提到的「另一個粒子瞬間發生回應」，並沒有本質錯誤。在我們測量量子糾纏中的一個粒子時，另一個粒子的回應確實是超越光速瞬間產生的。但**這種回應完全是一種擲骰子式的隨機行為，根本不能用來傳遞資訊。**

比方說，在量子傳送中，在 X 和 A 產生相互作用的一剎那，量子力學就會犯它的老毛病，讓「上帝」開始「擲骰子」（愛因斯坦：才下眉頭，卻上心頭），隨機產生 4 種結果中的 1 種！

我們要相互作用了，老頭快擲骰子吧。

您看好囉！

4 面骰子

113

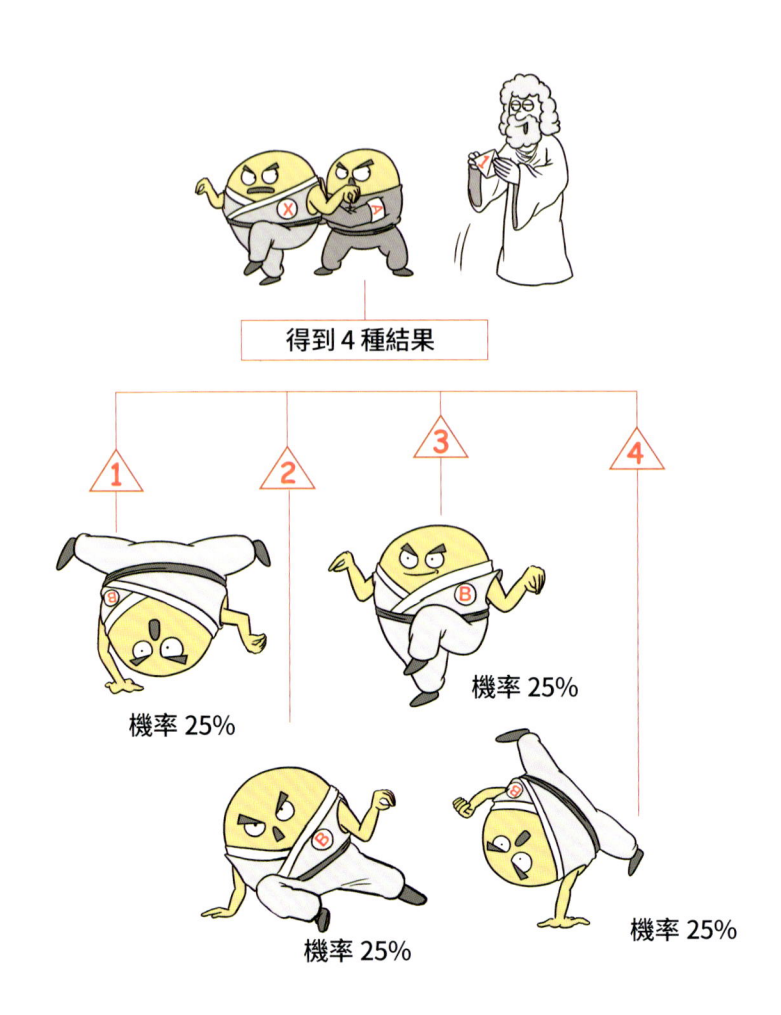

奇妙量子世界：人人都能看懂的量子科學漫畫

得到 4 種結果

機率 25%

機率 25%

機率 25%

機率 25%

　　此時，X 的量子狀態的一些特徵，確實傳送到 B 的身上。但在可能傳送到 B 身上的 4 種結果中，有 3 種結果會以不同的方式將這些特徵打亂，重新組合。

　　在每一次量子傳送實驗中，「上帝」都會「擲骰子」，隨機從 4 種傳送結果中選 1 種。B 到底會得到什麼樣的結果，科學家根本控制不了，所以是完全隨機產生的。

第七章

在物理學中,隨機就意味著結果不確定,結果不確定就相當於「不知道」,也就是說,在完全隨機的結果中不包含任何確定的資訊!

某物理系
博士生宿舍

親愛的,今晚我們一起看 Benenti 的《量子計算和量子資訊原理》吧?

注:我們舉一個簡單的例子。假設你想問你的女友,今晚有沒有興趣一起看 B 的《量子計算和量子資訊原理》?

我跟他對象旁邊的光子發生了量子糾纏。

奇妙量子世界：人人都能看懂的量子科學漫畫

機率 50%　　　　　　　　機率 50%

他/她打算透過一對糾纏光子給你發送回答。在回答之前，你猜測，她有 50% 的機率說有，50% 的機率說沒有。

這都是你瞎想的，她還沒回答呢。

為了透過量子糾纏發送回答，他、她操縱了其中一個光子，導致「上帝擲了一次骰子」，使你隨機得到另一個光子測量結果，每一種結果出現的機率各占 50%。

瞧好，我要擲骰子了！

好啊，單數就是有，雙數就是沒有。

因為「擲骰子」的過程完全是隨機的，任何人都沒法控制。所以不論他、她究竟想說什麼，你都有 50% 的機率得到「有」，50% 的機率得到「沒有」。

第七章

擲骰子的結果各有 50% 的機率

機率 50%　　　　　　　　　機率 50%

也就是說，回答之前和回答之後沒有任何區別。

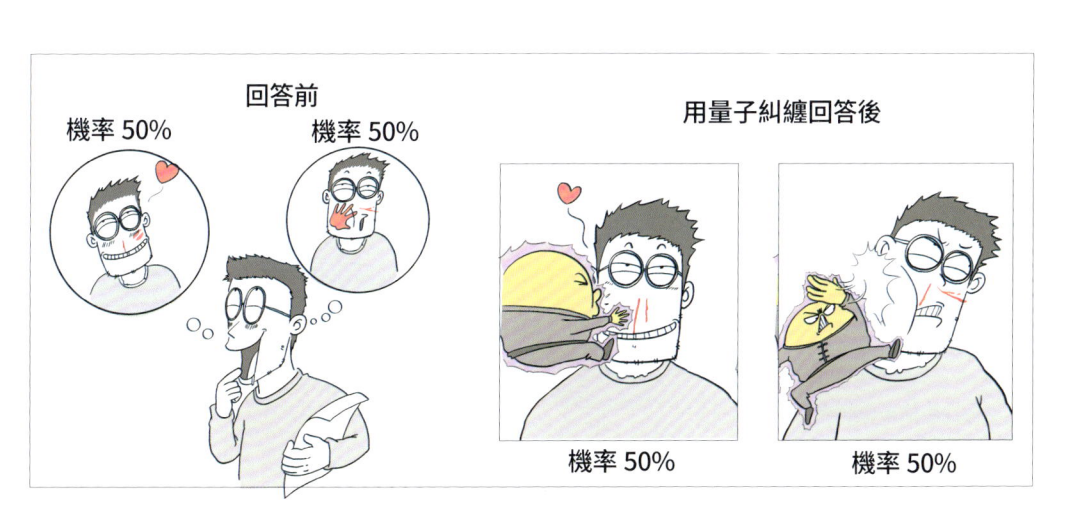

回答前　　　　　　　　　用量子糾纏回答後

機率 50%　　機率 50%　　　　機率 50%　　機率 50%

> 在量子糾纏中，雖然遠處的粒子對相互作用瞬間做出了回應，但回應的結果完全是隨機的，不以人的意志為轉移，結果什麼資訊都沒有傳遞出來！

> 量子糾纏雖然能超光速響應，但是沒辦法傳遞經典資訊啊！

> 廢話，哪有人用擲骰子傳遞資訊？

> 這就是欲速則不達

> 　　所以，量子傳送並不能超光速傳遞資訊（嚴格地說，是不能超光速傳遞經典資訊），這是因為量子糾纏本身不能超光速傳遞資訊。
> 　　也就是說，《三體》中設想的「透過量子糾纏從 4.2 光年外瞬間傳遞資訊，從而扶植人奸」的設想是無法實現的。
> 　　既然量子傳送的結果是隨機產生的，那麼如何才能真正地將原先的 X 的量子狀態，傳送到遠處的 B 身上呢？這就要說到量子傳送的第 4 點不同。

第七章

4. 量子傳送必須透過打電話、發郵件等經典資訊通道傳輸測量的結果，才能真正完成傳送

原來，在 X 和 A 發生相互作用的一剎那，X 和 A 這兩個光子也會隨機進入一種新的狀態，這個狀態也是隨機地四選一，跟 B 光子的四選一完全對應。

進行量子傳送時，3 個光子隨機產生以下一種結果。

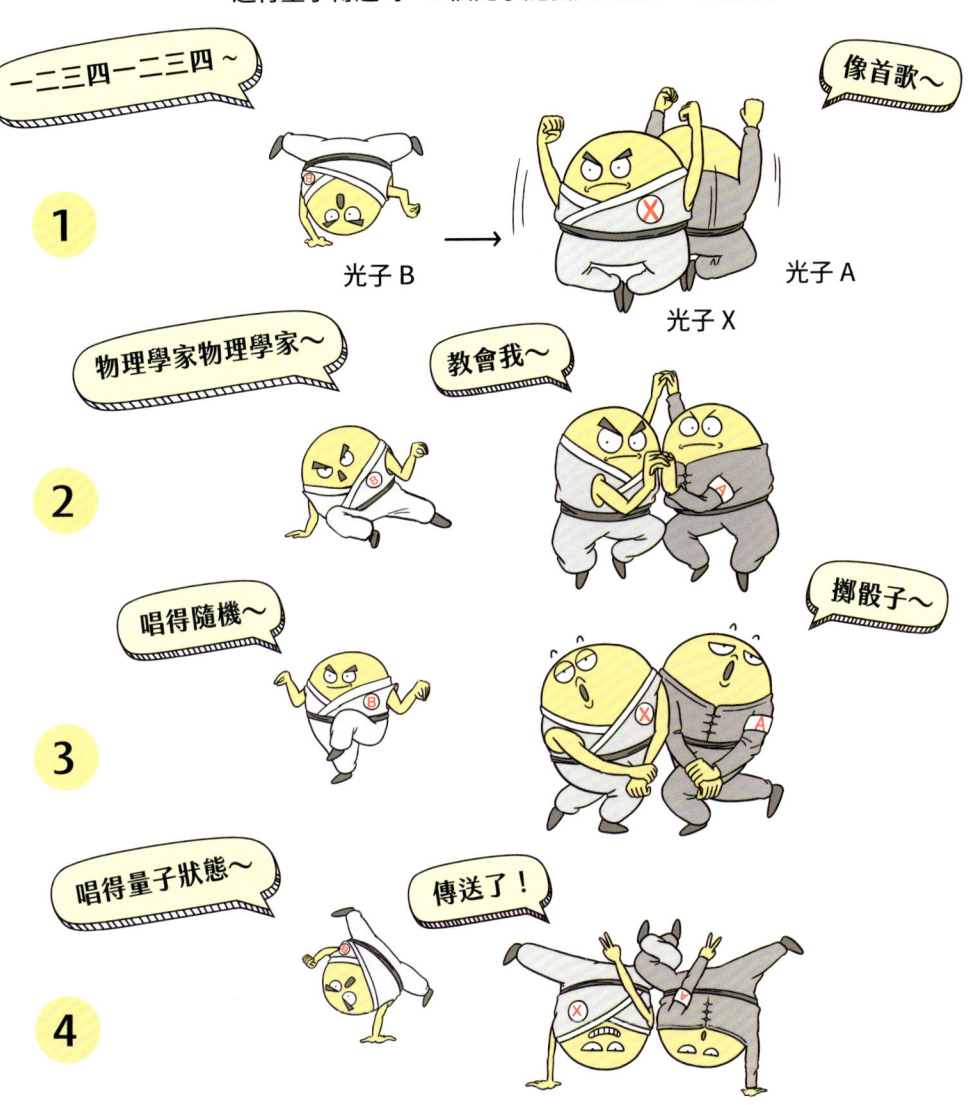

1 一二三四一二三四～　像首歌～
光子 B　　光子 X　　光子 A

2 物理學家物理學家～　教會我～

3 唱得隨機～　擲骰子～

4 唱得量子狀態～　傳送了！

119

為了完成量子傳送，在 X 和 A 附近的科學家必須檢查這兩個光子到底進入了哪個狀態，然後把這個狀態結果透過打電話、發郵件等不可超過光速的通訊方式，告訴遠在 B 處的另一個科學家。

第七章

另一個科學家瞭解了 X 和 A 的狀態資訊後,就能知道 B 身上接收到 X 的特徵發生了哪些變化,就可以有針對性地對 B 進行操作,從而將 X 最原始的量子狀態還原出來,使得 X 的狀態成功傳送到 B 的身上。

B 原來的狀態是結果 2,經過反射 45 度之後,變成了 X 原來的狀態。

在整個的傳送過程中,兩邊的科學家可以從始至終都不知道原先的 X 處於什麼樣的量子狀態。由於漫畫的創作需要,我們把 X 的狀態畫成了「白鶴亮翅」。但實際上,它可以是任何狀態,只要量子力學允許就可以,而且科學家可以完全不知道它處於哪個狀態。

不管 X 處於什麼狀態,只要按照上面說過的步驟,一步一步操作,科學家就可以把它傳送到遙遠的 B 身上。

如果你覺得量子傳送的過程還是太複雜,可以搜索並參考「分鐘物理」製作的一張動圖:如何傳送薛定格的貓。除了沒有體現「量子傳送必須借助量子糾纏」和「貓不能憑空消失」之外,其他細節的比喻都可以幫助理解。

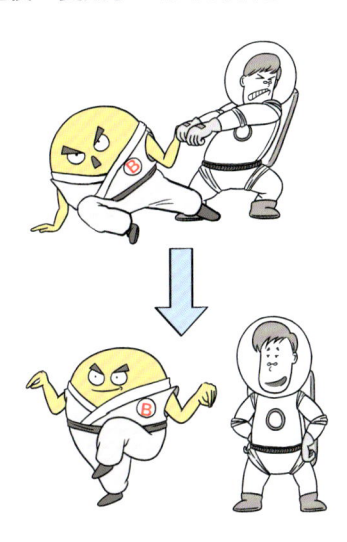

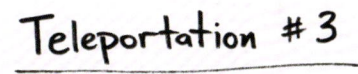

Teleportation #3

> 總之，量子傳送的本質可以簡單地理解為：先用糾纏光子對中的一個光子 A，跟待傳送的光子 X 發生相互作用，然後讀取相互作用結果中蘊含的資訊；再將這個資訊傳輸給光子 B 處的科學家，讓他有針對性地操縱光子 B，使得光子 B 的狀態完全還原光子 X 原先的狀態。
>
> 我們再強調一下，在量子傳送的過程中，物理學家從始至終都不知道要傳送的光子 X 處於什麼樣的量子狀態。它的奇妙之處就在這裡：雖然你不知道你要傳送的量子狀態是什麼，但你仍然可以透過下面幾個步驟的操作，把它傳送到 1000 公里之外的地方。

量子傳送（隱形傳態）協議的 5 個步驟

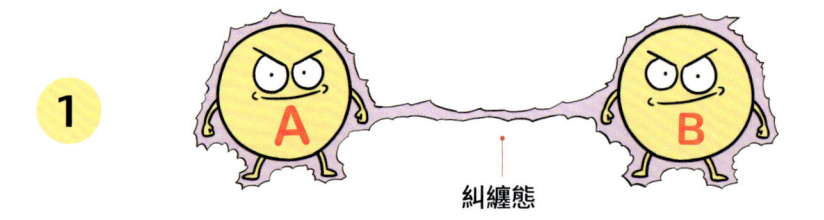

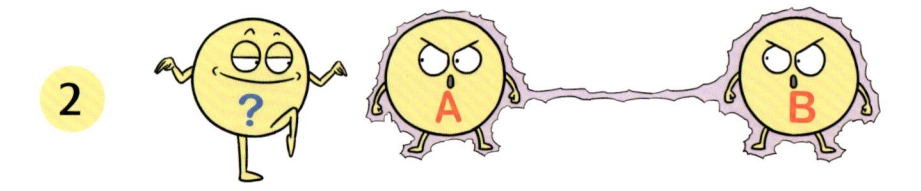

1

糾纏態

2

光子 X，
量子狀態未知，
待傳送

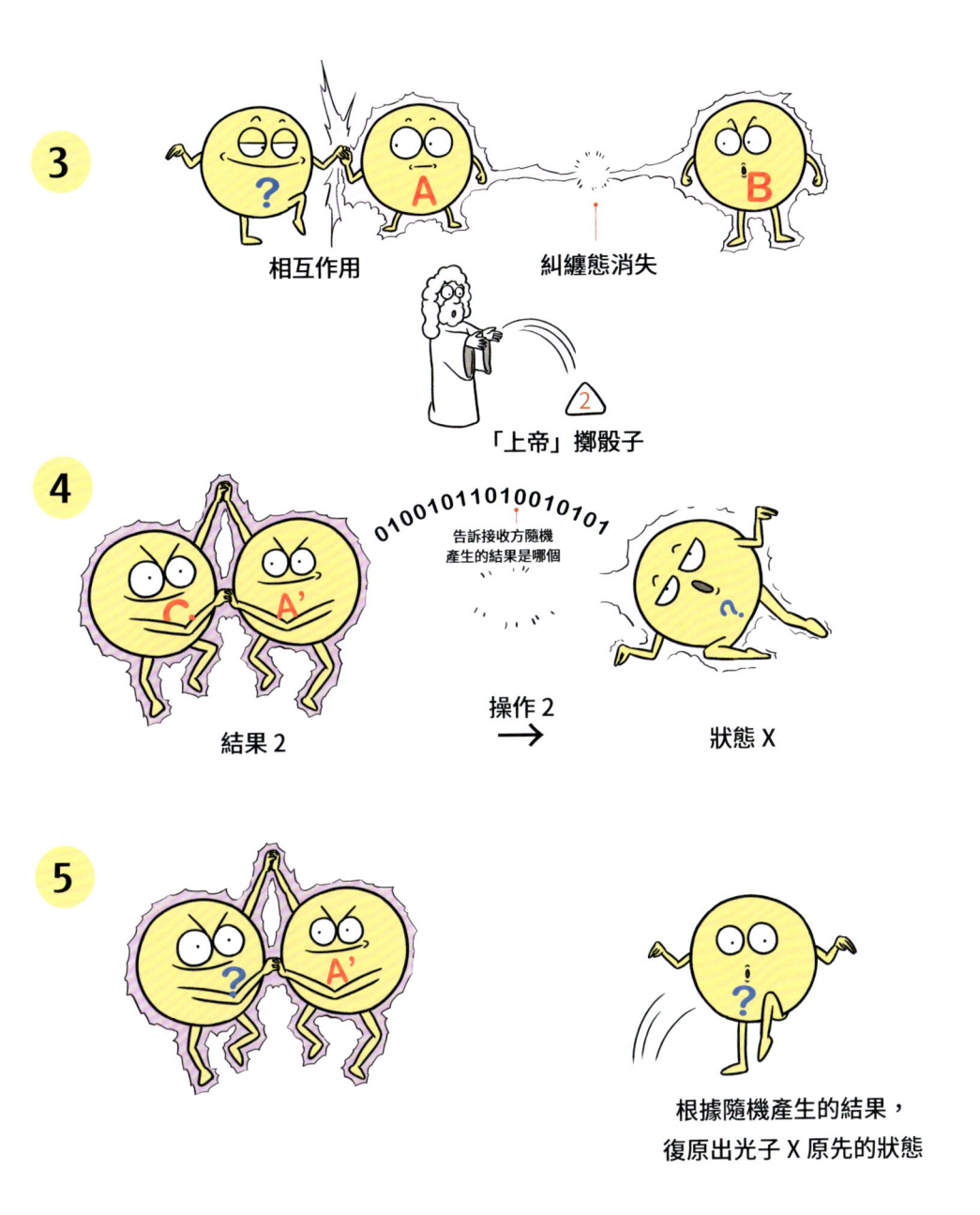

第七章

3 相互作用　　　糾纏態消失

「上帝」擲骰子

4 結果 2　　01001011010010101
告訴接收方隨機產生的結果是哪個

操作 2 →　狀態 X

5

根據隨機產生的結果，
復原出光子 X 原先的狀態

123

因此，量子傳送（確切地說，是量子隱形傳態）被科學家看作一種量子通訊的實現方式。

為什麼非要做量子傳送，能不能直接複製粒子的狀態？

不能！

在量子力學中，對於一個未知的量子狀態（光子），科學家既不能直接對它精確測量**（測不準原理）**，也不能未經測量而強行將它複製出來**（量子不可複製原理）**。

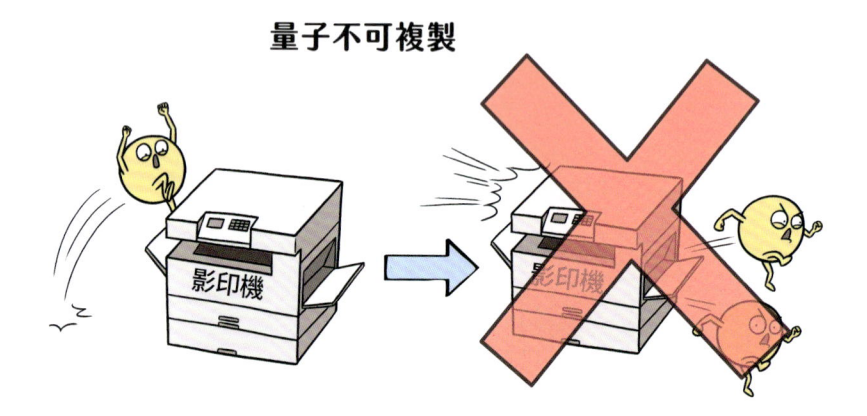

量子不可複製

所以，如果你想把一個光子 X，從地面弄到太空中，要麼你需要將光子 X 朝天上發射出去，要麼就得使用量子傳送。

比方說，在量子科學實驗衛星的量子傳送實驗中，科學家有一大堆要傳送的光子 X。他們可以讓設在西藏阿里的地面站快速產生一對對糾纏光子，然後向太空中的量子科學實驗衛星發射其中一組光子 B。然後透過量子科學實驗傳送的方式，將一個個要傳送的光子 X 的量子狀態，傳送到量子科學實驗衛星接收到的光子 B 身上。

第七章

一個哲學問題：它還是原來的它嗎？

說到這兒，你的腦中可能會產生一個哲學問題。如果光子 X 的量子狀態傳送到了光子 B 身上，那麼傳送後的光子 B 跟傳送前的光子 X 到底算不算同一個粒子呢？

或者我們可以換一種問法。比方說，你是一名太空人，在太空中感到孤單寂寞。你的對象為了來看你，先是給你發送了一大堆粒子，然後透過量子傳送的方式，讓這堆粒子變成了自己身上對應的每一個粒子的狀態，分毫不差。那麼，由這堆粒子構成的、跟你物件各個方面完全一致的人，到底是不是你原先愛過的那個人呢？

> 太空太無聊了，我要把我老婆傳送過來。

其實，他的「老婆」就是這張明星照片。

> 沒錯，就是這張照片！

125

在哲學家看來，這個問題可能有很多種答案。有的派系會說是，有的派系會說不是。

從物理學的角度講，這個問題只有一個回答：是！

如果有兩個粒子，種類完全相同，量子狀態也完全相同，那麼它們就是完全無法區分的。

如果有一個粒子，量子狀態被測量破壞了，卻在一段時間後，傳送到了另一個同種粒子的身上，那麼物理學家就可以說，同一個粒子又一次出現了。或者說，一個粒子被傳送過去了。

這也許就是為什麼，量子隱形傳態實驗的英文名稱叫 quantum teleportation，其中的 teleportation 在科幻小說和電子遊戲當中，就是指「隔空傳送物質」。

物質的本質是（量子）資訊嗎？

如果傳送狀態就等於傳送物質，那麼我們可以說，物質的本質就是資訊嗎？

當然可以。已故的著名物理學家約翰·惠勒曾經提出，資訊是物理學的核心，萬物皆是位元（「It from bit」）。

隨著量子計算和量子通訊學的發展，量子物理學中的資訊（量子位元）在科學家心目中的地位越來越重要。2003 年，物理學家大衛·多伊奇進一步發展了惠勒的觀點：萬物皆是量子位元（「It from qubit」）。

猜猜我的本質是什麼？

只有物理學家明白……

高倍放大鏡

是量子位元！

量子位元

第七章

量子傳送實驗,從一個側面反映了萬物皆是量子位元的說法。

我們有可能傳送人類大腦中的意識嗎?

從物理學家的角度看,傳送人類或者傳送人類大腦並不違背物理原理。如果能把人類大腦中的每一個原子的狀態,通過量子傳送,傳送到另一堆原子身上,那麼我們就實現了傳送大腦。

但大腦中的意識是不是也能傳送呢?物理學家通常不考慮意識問題,按理說這個問題應該諮詢生物學家。當然,物理學家認為物理是世界的基礎,如果我們傳送了大腦中所有的物理資訊,那麼其中的化學和生物資訊也應該都一起傳送過去了。

但是,一個人的大腦平均含有 1026 個原子,即 100 000 000 000 000 000 000 000 000 個原子。雖然傳送大腦不違背物理原理,以現在的技術手段,科學家想辦也辦不到啦。

中國的地星量子隱形傳態實驗是怎麼做的?

講了那麼多背景知識,終於可以開始講正題了!

在墨子號的地星量子隱形傳態實驗中,科學家用到的光子都是波長 780 奈米的近紅外光子。他們想要傳送的量子狀態,就是近紅外光子的**偏振狀態**。

在物理學中,描述一個自由光子的量子狀態有很多種,其中有一種是光子的振動方向,也叫作偏振方向,地星量子隱形傳態所傳送的量子態就是載入在光子偏振上的。

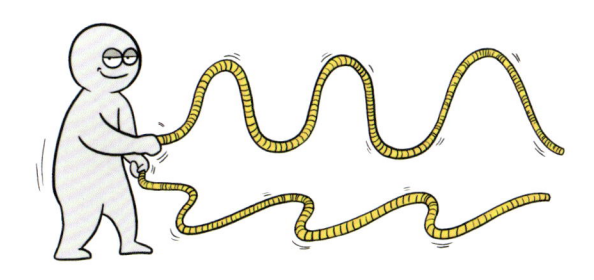

這個就是偏振

奇妙量子世界：人人都能看懂的量子科學漫畫

> 比如，在這次的地星量子隱形傳態實驗中，科學家想要傳送的光子 X，可能是以下 6 種偏振狀態中的一種：0°偏振、90°偏振、45°偏振、135°偏振、左旋偏振、右旋偏振。

光子偏振的幾種方式

0°偏振		
90°偏振		
45°偏振		
135°偏振		
左旋偏振		
右旋偏振		

第七章

　　在西藏的阿里站中產生光子 X 的同時，科學家也同時讓實驗設備產生了一對糾纏光子 A 和 B。他們讓其中一個光子 B 瞄準在太空中高速運動的墨子號，並讓光子 A 和光子 X 同時經過一個聯合貝爾測量裝置，也就是讓光子 A 和光子 X 產生相互作用。

　　緊接著，科學家在阿里站中用儀器測量並記錄光子 A 和光子 X 的相互作用結果，衛星有效載荷也測量並記錄光子 B 的偏振測量結果，之後透過對星地資料進行符合對比，最終確認光子 X 的量子態是不是已經透過隱形傳態的方式傳送到了光子 B 上。

　　在這次實驗中，科學家一共向墨子號傳送了 911 個光子的狀態，最遠傳送距離達到 1400 公里，並達到了較高的保真度。

總結：

　　量子傳送（量子隱形傳態實驗）看起來像是科學家玩起了科幻，只是為了好玩。但實際上，量子傳送非常有用。

　　比如，如果將來技術進一步發展，你可以將一組量子數據資訊**傳送到遠方的一台量子電腦的記憶體上。**

　　又比如，你可以將一對糾纏光子的量子狀態，分別傳送到遠方的兩個不同的粒子身上，**讓這兩個粒子不用相互接觸就可以發生量子糾纏。**

　　再比如，你可以透過傳送操作量子數據用的量子門，實現分散式的量子計算。到目前為止，量子科學實驗衛星墨子號，已經提前圓滿地完成了以下 3 大任務：

1. 星地量子金鑰分發；
2. 地星量子隱形傳態；
3. 千公里級量子糾纏分發，檢驗貝爾不等式。

　　這些科學實驗任務的成功，為中國在未來繼續引領量子通訊技術發展和空間尺度量子物理基本問題檢驗前沿研究奠定了堅實的科學與技術基礎。

參考文獻：

Ren J G, Xu P, Yong H L, et al. Ground-to-satellite quantum teleportation[J]. Nature, 2017, 549(7670): 70.

第八章

如何在太陽光下，找到藏著量子金鑰的單個光子？

第八章

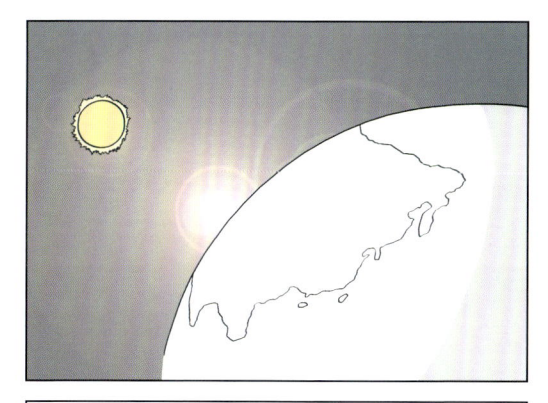

墨子號量子科學實驗衛星已經上線一段時間了,並且圓滿地完成了科學家安排的 3 個實驗任務:

1. 星地量子金鑰分發;
2. 地星量子隱形傳態;
3. 千公里級量子糾纏分發,檢驗貝爾不等式。

可是最近,它遇到了一個新煩惱。

因為這些實驗原本只能在半夜最黑的時候進行,現在科學家卻要求墨子號把實驗挪到白天。怎麼辦啊?怎麼辦!……

唉,我該怎麼辦呢?

墨子號

131

奇妙量子世界：人人都能看懂的量子科學漫畫

你歎什麼氣呀？你做的量子通訊實驗不是挺成功的嗎？

我之前做的量子金鑰分發實驗，雖然很成功，但只在半夜的時候做。

月亮老兄，實驗越成功，我壓力越大呀！

因為在這個實驗中，我向地面發射光子，而且每次只能發射一個。

白天陽光那麼強，一個光子哪裡看得清啊！

第八章

我的軌道高度只有 500 公里。
每天躲在地球影子裡的時間，
大概有三分之一。

要是想在全球弄量子通訊，
就得進入地球同步軌道，
也就是 3 萬 6 千多公里。

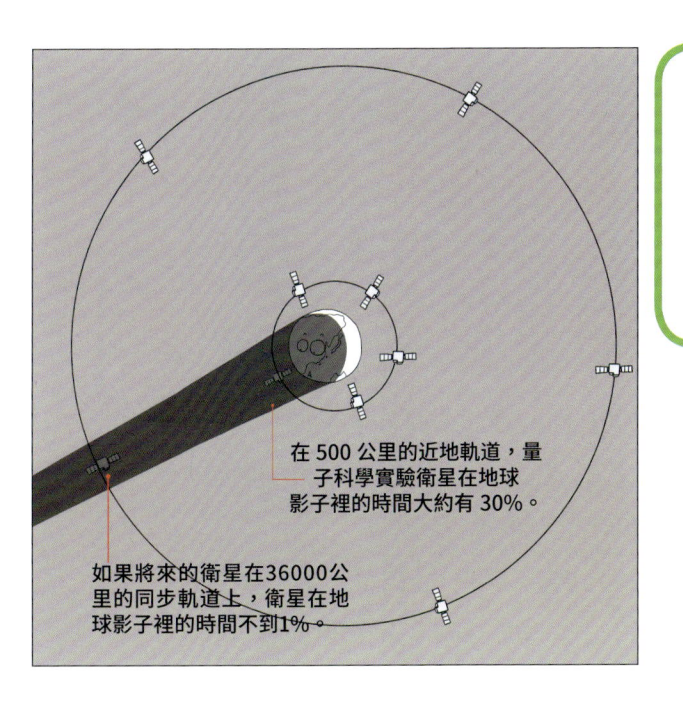

可是離地球越遠，
被太陽曬的時間就越長。
到時候衛星天天被陽光干擾。
如果我不想出解決辦法，
量子通訊恐怕就會難弄得多。

在 500 公里的近地軌道，量子科學實驗衛星在地球影子裡的時間大約有 30%。

如果將來的衛星在 36000 公里的同步軌道上，衛星在地球影子裡的時間不到 1%。

133

懂了。這就好比晚上看月亮一清二楚，到了白天，就算眼睛再好，你也看不見月亮了。
對對，就是這麼回事。

可是解决辦法豈是那麼容易就想出來的呢？

第八章

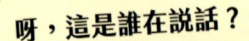

奇妙量子世界：人人都能看懂的量子科學漫畫

呀，這是誰在說話？

何方妖孽，還不快快現身？

難道是涼席成精了？不是說好以後不准成精嗎？

是我。我是一個光子，波長是 1550 奈米。

近紅外光子

如果讓太陽光穿過三稜鏡，
它就會被分解成各種顏色的光。

紫色光的波長最短，
紅色光的波長最長。

在紅色光之外的區域，
其實還有很多肉眼看不到的光，
叫作**紅外線**！
它的波長比紅色光的波長還要長。

136

第八章

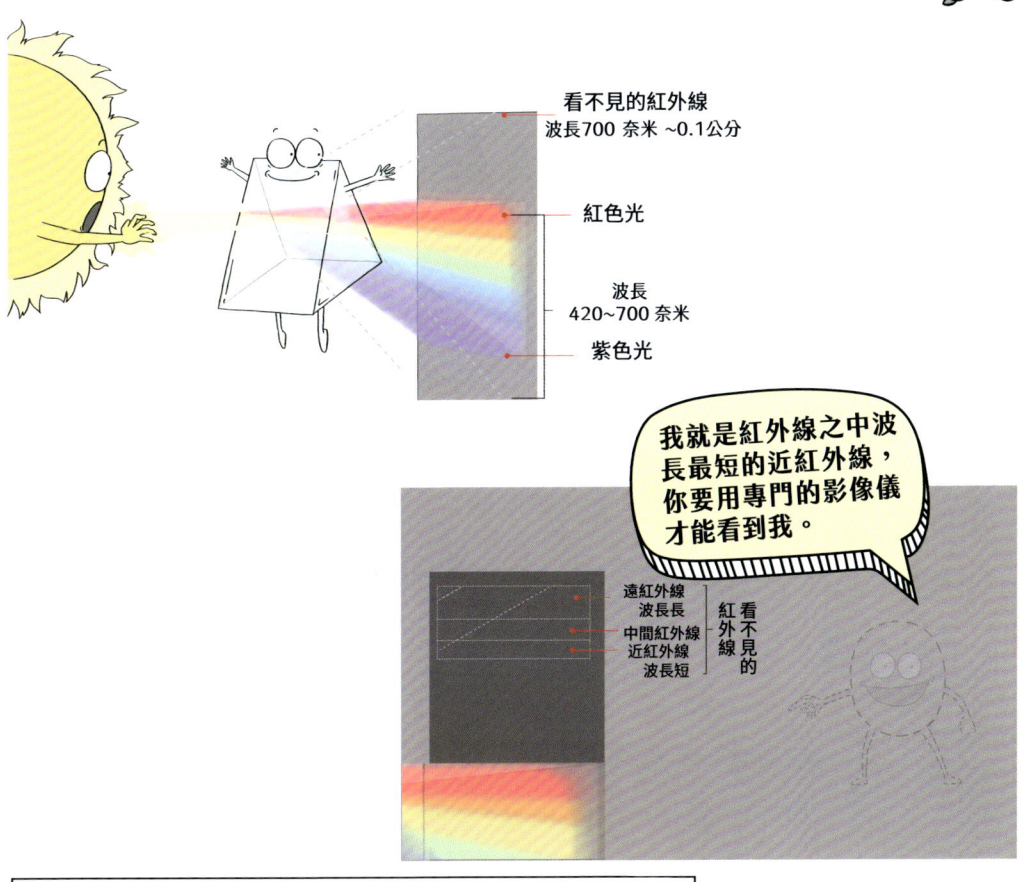

看不見的紅外線
波長700奈米~0.1公分

紅色光

波長
420~700奈米

紫色光

> 我就是紅外線之中波長最短的近紅外線，你要用專門的影像儀才能看到我。

遠紅外線
波長長

中間紅外線

近紅外線
波長短

看不見的紅外線

> 還好我們實驗室有這樣的儀器。

近紅外線影像儀

137

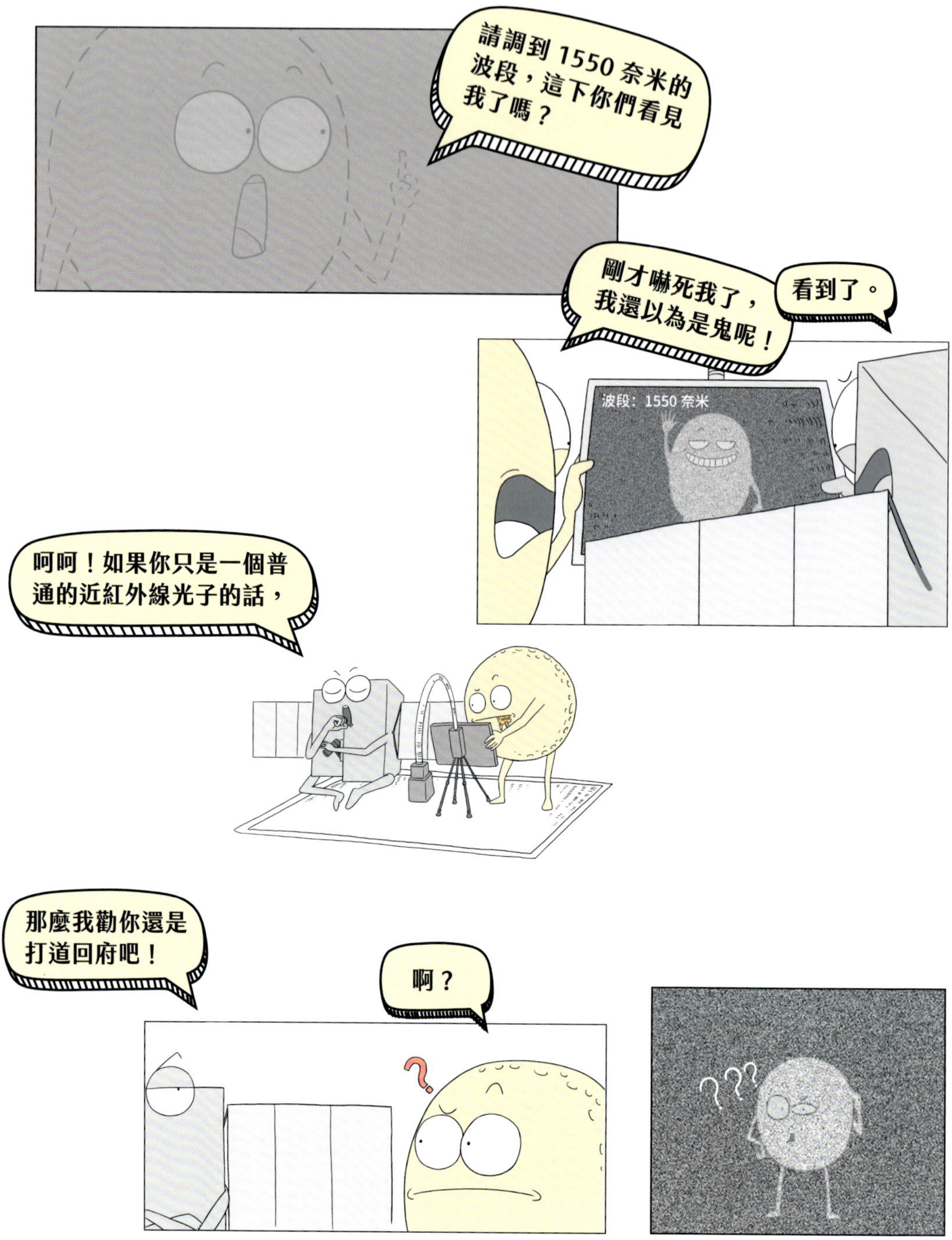
請調到 1550 奈米的波段，這下你們看見我了嗎？
剛才嚇死我了，我還以為是鬼呢！
看到了。
波段：1550 奈米
呵呵！如果你只是一個普通的近紅外線光子的話，
那麼我勸你還是打道回府吧！
啊？

第八章

「在之前的量子通訊實驗中，我發射的也是一種紅外線光子。它在陽光下根本看不清楚，你憑什麼認為你就比它強呢？」

「就是啊，你憑什麼呢？」

「這還不簡單？我和它站在陽光下比一比不就知道了嗎？」

「廢話少說，我們站一起，走到太陽光下，看看誰更清楚。」

「我就是之前實驗用的波長 800 奈米的光子。」

在之前半夜開展的實驗中，量子科學實驗衛星發射的光子，波長是 800 奈米，也屬於近紅外線的波段，算是波長 1550 奈米光子的表哥。

這兩種光子到底哪種效果好，做實驗比一比才會知道。

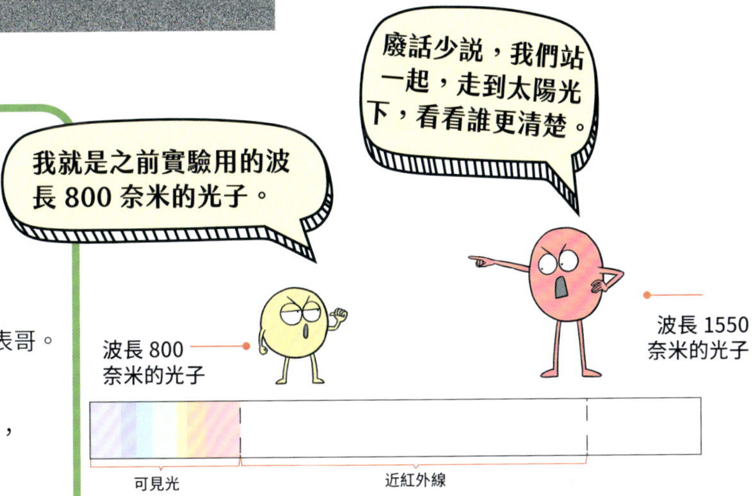

波長 800 奈米的光子

波長 1550 奈米的光子

可見光　近紅外線

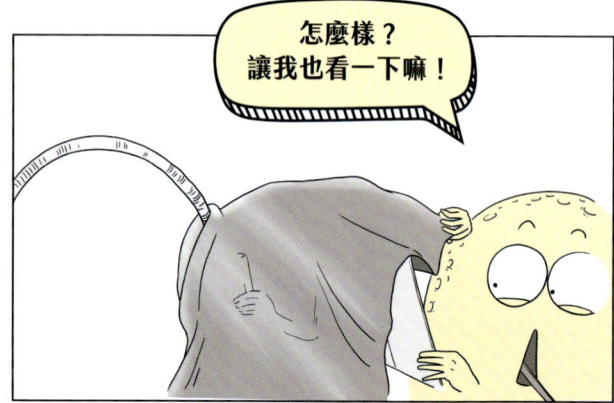

奇妙量子世界：人人都能看懂的量子科學漫畫

怎麼樣？
讓我也看一下嘛！

哇！
效果確實不一樣。

第八章

800 奈米波段的影像　　1550 奈米波段的影像

你是怎麼做到的？

在強烈的陽光下，
波長 800 奈米的光子幾乎消失了，
因為背景實在太亮了。

相比之下，
波長 1550 奈米的光子就清楚很多！

哇！果然你比你表哥強！

太陽光的光譜

道理很簡單！
太陽雖然發出各種波長的光，
但是有的光子多一些，
有的光子少一些。

在 800 奈米的波長上，
太陽發射的光子很多，
大氣對光子的散射很厲害，
產生的干擾雜訊也就多。

在 1550 奈米的波長上，
太陽發射的光子較少，
大氣的散射也小，
產生的干擾雜訊也就少。

波長 800 奈米的光子多
800nm

波長 1550 奈米的光子少
1550nm

光譜輻射照度（W/m2·nm）
波長（nm）

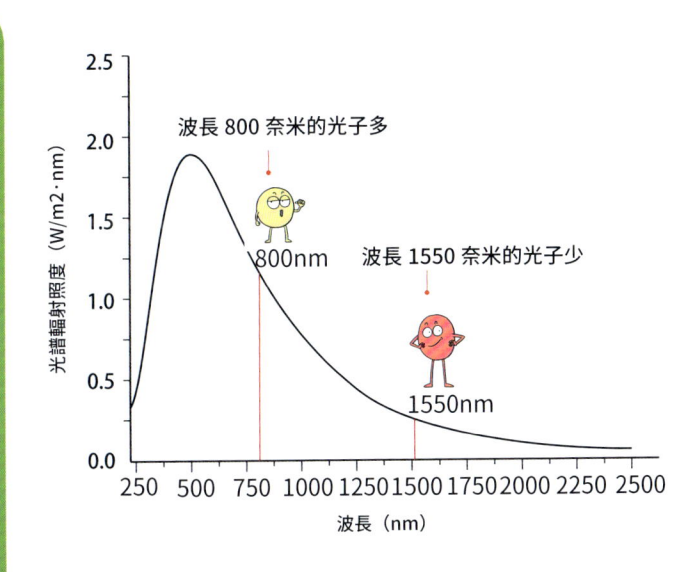

注：在太陽光譜和瑞利散射等綜合因素的作用下，這兩種光子的干擾訊號強度相差了 20 倍。

141

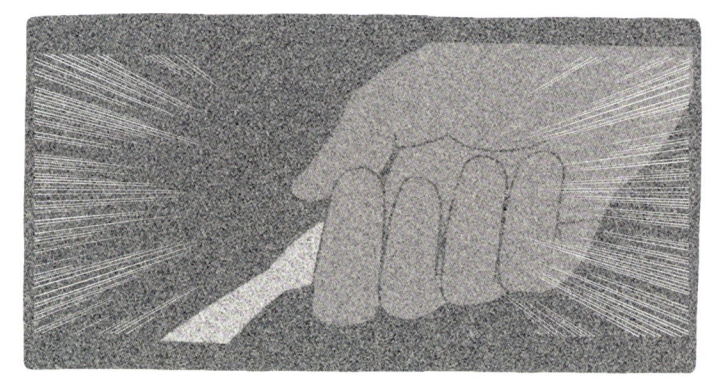

奇妙量子世界：人人都能看懂的量子科學漫畫

太好啦！有了這樣的好光子，我就有辦法在白天做實驗啦！

沒想到換個波長，我的難題就解決了。

第八章

波長 1550 奈米的光子,你願不願意再跟我們去青海湖做一次量子金鑰分發實驗?

沒問題啊,一起走!

於是,中國科學技術大學的潘建偉教授,及其同事彭承志、張強等,利用波長 1550 奈米的光子, 成功地在青海湖兩岸的陽光下,開展了量子金鑰分發實驗。

在這次實驗中,
他們每發射 10 萬個光子,
就有 99 998 個光子被損耗掉。
(即光子損耗為 48dB,
這是為了模擬星地通訊的環境。)

但剩下的光子抵達了接收器,
成功地傳輸了量子金鑰。

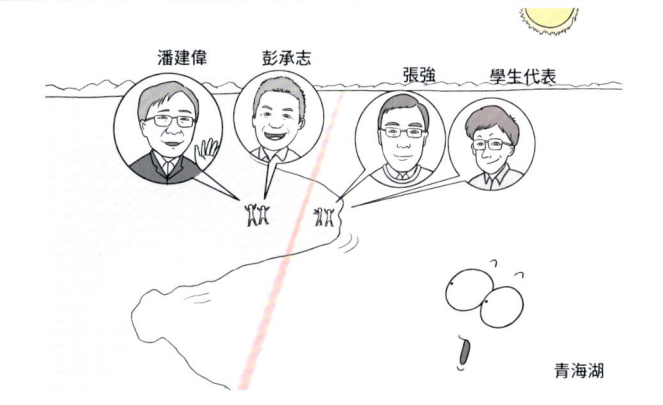

潘建偉　彭承志　張強　學生代表

青海湖

奇妙量子世界：人人都能看懂的量子科學漫畫

> 槍林彈雨任我闖！

> 夥伴，一定要把量子金鑰傳過去！

在這次的量子通訊實驗中，為了減少各種雜訊的干擾，他們除了調整光子的波長，還用到了兩種方法。

一是光譜濾波，也就是把其他頻率的光子都阻攔在外面。

二是空間濾波，說明了就是減小接收光子的空間範圍。

> 哇哈哈，只有波長等於 1550 奈米的我才能通過濾波器。

> 孔徑變小，接收到的噪聲光子也就變少了。我就更加顯眼了。

原先的接收範圍 面積 100μrad
新的接收範圍 面積 10μrad

注：此處應用了上轉換單光子探測技術

注釋：此處應用了自由空間光束單模光纖耦合技術

144

第八章

這篇實驗寫成的論文，
發表在了《自然‧光學》上。

實驗結果說明，
本來讓衛星發送量子金鑰，
只能趁半夜最黑的時候。
現在白天也可以發送了。

這就為下一步
構建中國量子通訊衛星網路，
打下了堅實的技術基礎。

量子科學實驗衛星再也不發愁啦！

熱烈慶祝白天的星地量子金鑰分發模擬實驗取得成功！

奇妙量子世界：人人都能看懂的量子科學漫畫

注釋：

　　本文中提到的 800 奈米泛指一個波段，在通常的量子通訊實驗中，光子的波長可以是 780 奈米、810 奈米、850 奈米，或者 772 奈米、813 奈米等。

　　為什麼以前的實驗不用波長 1550 奈米的光子呢？因為在這個波長上，常規的單光子探測器的效果很差，不但雜訊大，而且遺漏的光子很多（探測效率低下）。所以，在自由空間遠距離量子金鑰分發實驗中，科學家通常使用波長 800 奈米的光子。

　　近年來，國外科學家發展了一種新型的超導單光子探測器，可以很好地測量波長 1550 奈米的光子，但它體積很大，而且需要在低溫下才能正常工作。

　　為了更高效地完成相關實驗，中國科學技術大學的科研組自主研製了一種「上轉換單光子探測器」。

　　這種探測器並不是單純地探測波長 1550 奈米的光子，而是將它的訊號轉換成波長更短、能量更高的可見光。

　　跟國外的同類產品相比，中國科學技術大學自主研製的探測器不需要製冷劑，不會增加很多雜訊（窄帶濾波），也不會遺漏太多光子（探測效率高），有助於白天量子金鑰分發實驗一臂之力。

　　為了減小光子的接收範圍，同時又不至於將真正的訊號擋在接收範圍之外，科研團隊還發展了自由空間光束單模光纖耦合技術。

　　所以，在白天的量子金鑰分發實驗中，中國科學技術大學的科研組一共用了 3 個招數：

1. 使用 1550 奈米作為工作波長；
2. 使用自主研製的上轉換單光子探測器；
3. 發展了自由空間光束單模光纖耦合技術。

參考文獻：

　　Liao S K, Yong H L, Liu C, et al. Long-distance free-space quantum key distribution in daylight towards inter-satellite communication[J]. Nature Photonics, 2017, 11(8): 509.

第九章

量子通訊中國京滬幹線的原理是什麼？它是怎麼造出來的？

第九章

別看量子力學處處古怪，
關鍵時候它能幫你保密呢！

奇妙量子世界：人人都能看懂的量子科學漫畫

2017 年，由中科院領導、中國科學技術大學作為專案建設主體承擔，中國有線電視網路有限公司、山東資訊通訊技術研究院、中國科學技術大學先進技術研究院、中國銀行業監督管理委員會等單位協作建設的量子保密通訊「京滬幹線」順利開通。

這是世界上首條全長 2000 公里級別的，能夠實現「天地一體化」的量子保密通訊網路。

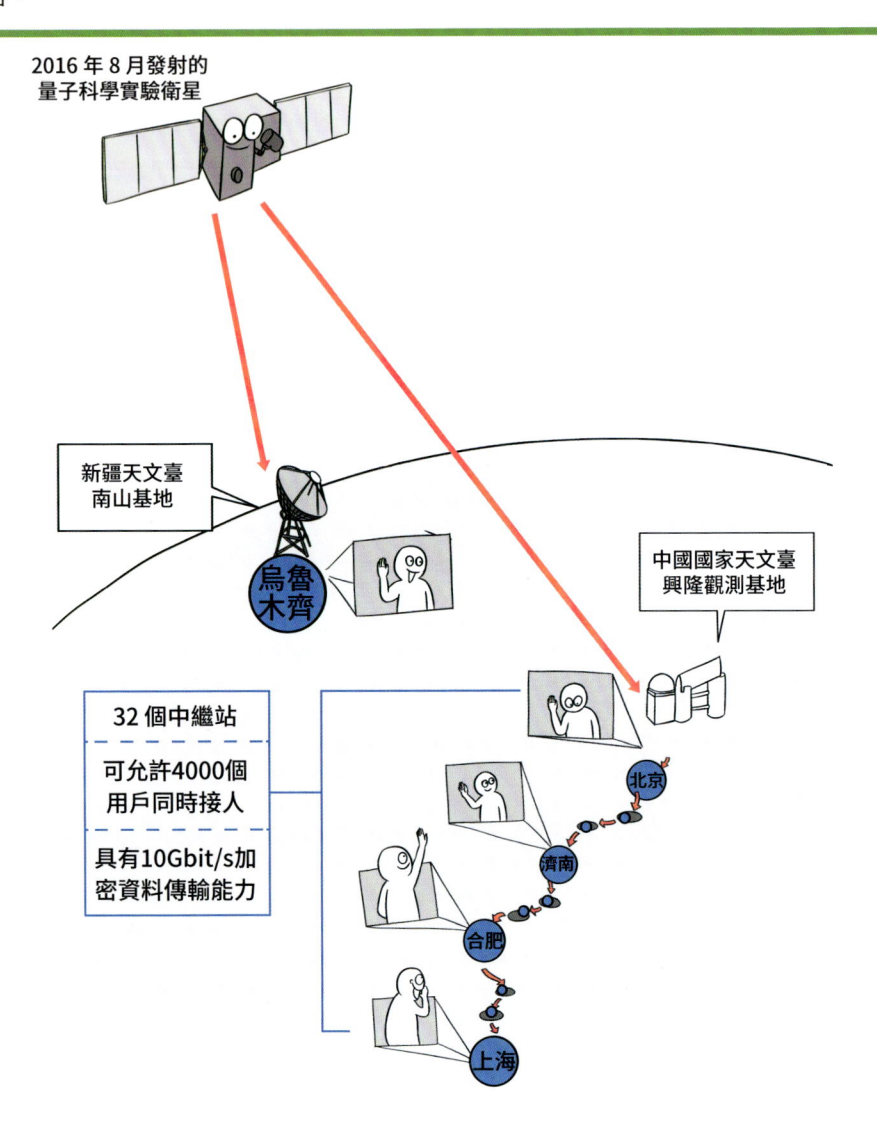

2016 年 8 月發射的
量子科學實驗衛星

新疆天文臺
南山基地

烏魯木齊

中國國家天文臺
興隆觀測基地

32 個中繼站

可允許4000個用戶同時接入

具有10Gbit/s加密資料傳輸能力

北京

濟南

合肥

上海

第九章

明文：給凌玲轉帳 200 元生活費。

銀行產生公開金鑰和私密金鑰，並向手機傳來公開金鑰。

私鑰

公鑰

咦？他們到底在說什麼？

竊聽者

經過 RSA 金鑰（公開金鑰）加密，產生密文。

利用私密金鑰解密

明文：從俊生帳戶給凌玲轉帳 200 元生活費。

1 為什麼要做量子保密通訊？

你在網上買買買的時候有沒有想過，
你的手機向銀行發起的交易訊息，
真的安全嗎？
答案是暫時安全，
因為網絡交易訊息都經過了加密，
即 RSA 加密。

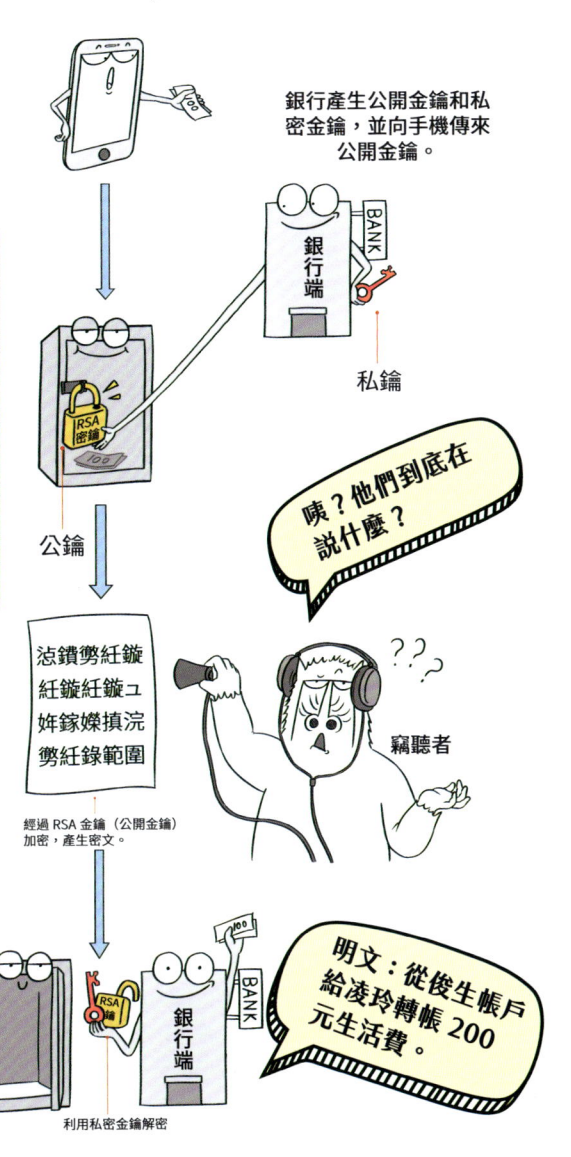

要想破解 RSA 加密的金鑰，
就要把一個很大很大的數，
（例如一個 1024 位的大數）
用暴力方法分解成
兩個質數的乘積。

這個**破解**過程非常漫長，
用超級電腦太湖之光，
加上目前最優的演算法，
大概還是需要 **50 年**。
如果位數再增加幾位，
想要破解就得 **100 年**起了。

趕快給我暴力破解，
我要看他們到底買的
是什麼。

我只是個普通電腦，
讓我破解 1024 位的金鑰，
最起碼得等上十萬年吧！

如果將來有了**量子電腦**，
運用量子計算的秀爾演算法，
別說 1024 位的金鑰了，
就連破解 2048 位的金鑰，
它都只需要幾秒鐘。
所以，為了未來的**資訊安全**，
許多國家需要研究和應用
量子保密通訊技術。

第九章

2 什麼是量子保密通訊？

量子保密通訊說白了，
就是利用量子力學的性質，
先發送，後產生一組完全隨機的金鑰，
供通訊雙方加密和解密時使用。

整個過程不可竊聽，
產生的密文不可破解，
在物理上是絕對安全的。

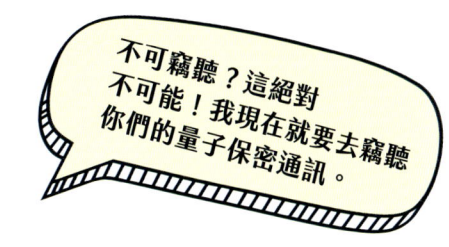

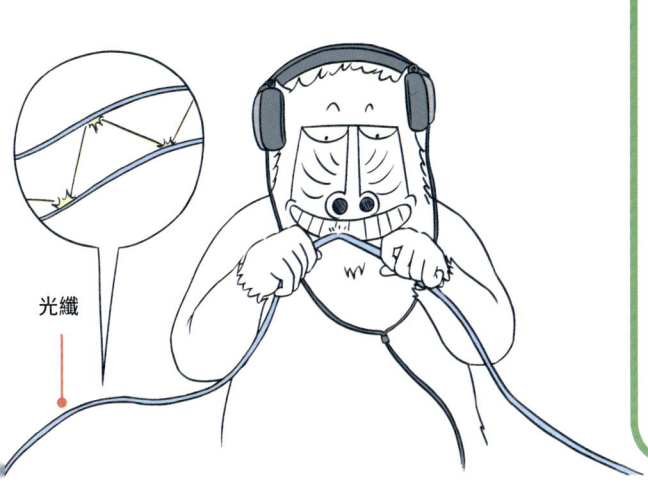

> 不可竊聽？這絕對不可能！我現在就要去竊聽你們的量子保密通訊。

> 隨便漏一點光出來，我就能竊聽。

光纖

網上傳輸所有的資訊時，
都要先把資訊轉換成量子位元
0和1。

假如你用傳統的方法，
在光纖中傳輸一段密碼，
就得用很多光子組成的脈衝表示1，
用沒有光子的空白狀態表示0。

這麼多光子在光纖中跑，
想要竊聽而不被發現，
一點兒也不難。

151

奇妙量子世界：人人都能看懂的量子科學漫畫

但是在量子保密通訊中，
科學家表示 0 和 1 的方法，
是**單個光子的偏振**狀態。

比方說，
如果跑來一個 0 度偏振的光子，
我們就會接收到量子位元 0；
如果跑來一個 90 度偏振的光子，
我們就會接收到量子位元 1。

光子偏振的幾種方式

偏振方式	圖示	波形
↑ 偏振		
→ 偏振		
↗ 偏振		
↖ 偏振		
圓偏振		

152

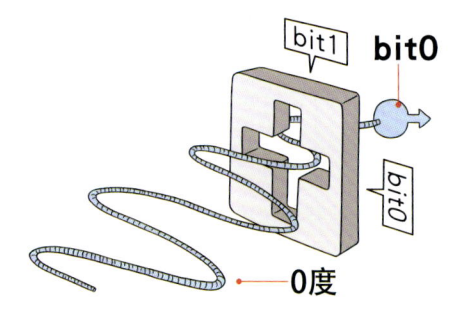

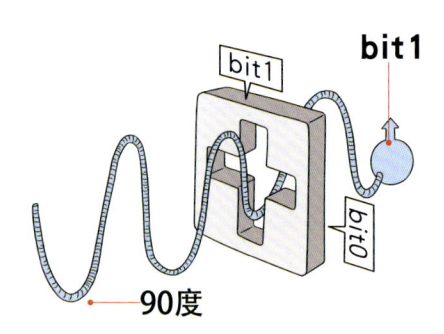

第九章

量子通訊科學家不但用 0 度和 90 度表示 0 和 1，
還制定了一個奇葩的規定：
45 度的光子也可以表示量子位元 0，
135 度的光子也可以表示量子位元 1。

所以，
他們發送的 0 和 1 的序列，
必然隨機包含兩種類型的光子。

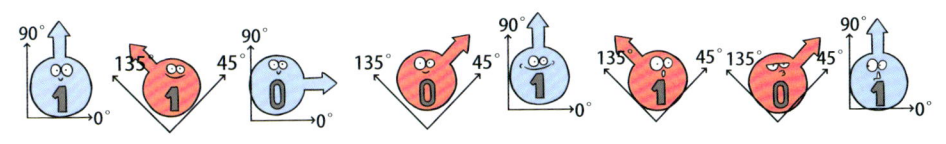

量子位元 11001101 的序列

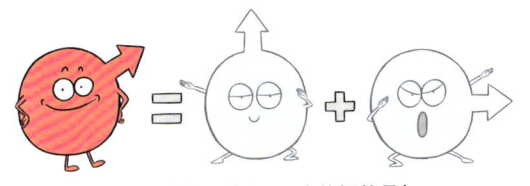

45 度偏振等於 0 度和 90 度偏振的疊加。

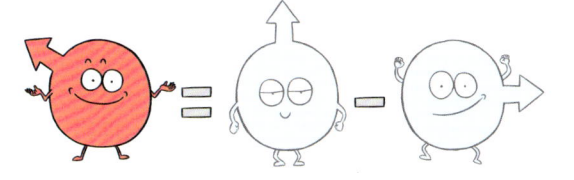

同理，135 度偏振也等於 0 度和 90 度偏振的疊加。

當一個 45 度偏振的光子，
跑到測量 0 度和 90 度偏振的
接收器面前時，
又會得到什麼結果呢？

量子力學中有個「不按規矩出牌」，
叫作**量子疊加態**。
簡單地說，
45 度的偏振，
可以看作 0 度和 90 度偏振的疊加。

但是，
接收器顯然不會
同時探測到 0 度和 90 度的偏振，
而是**隨機得到其中一種結果：**
要麼是 0 度偏振（比特 0），
要麼是 90 度偏振（量子位元 1），
兩種結果都有**一定機率**發生。

這就是量子力學的另一個「麼蛾子」：
「上帝擲骰子」！

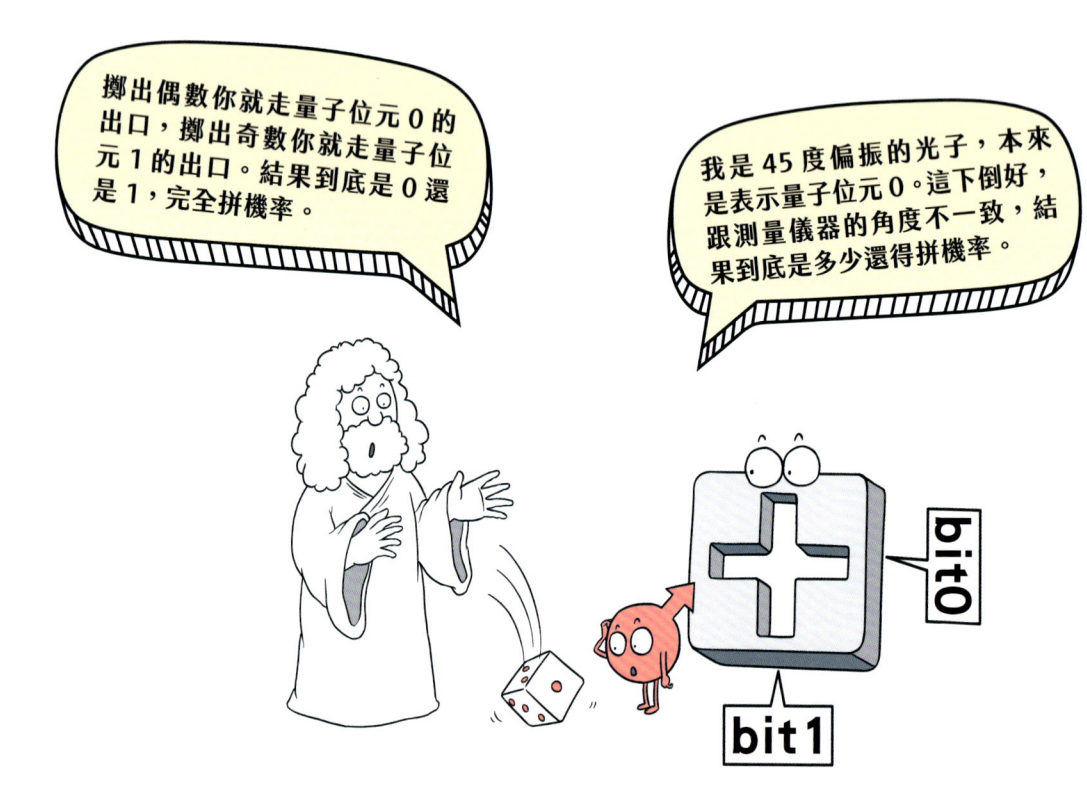

> 擲出偶數你就走量子位元 0 的出口，擲出奇數你就走量子位元 1 的出口。結果到底是 0 還是 1，完全拼機率。

> 我是 45 度偏振的光子，本來是表示量子位元 0。這下倒好，跟測量儀器的角度不一致，結果到底是多少還得拼機率。

bit 0

bit 1

第九章

> 所以，
> 我們得到一個經驗：
> **如果接收器和光子偏振方向不一致，
> 就無法接收到正確的位元。**

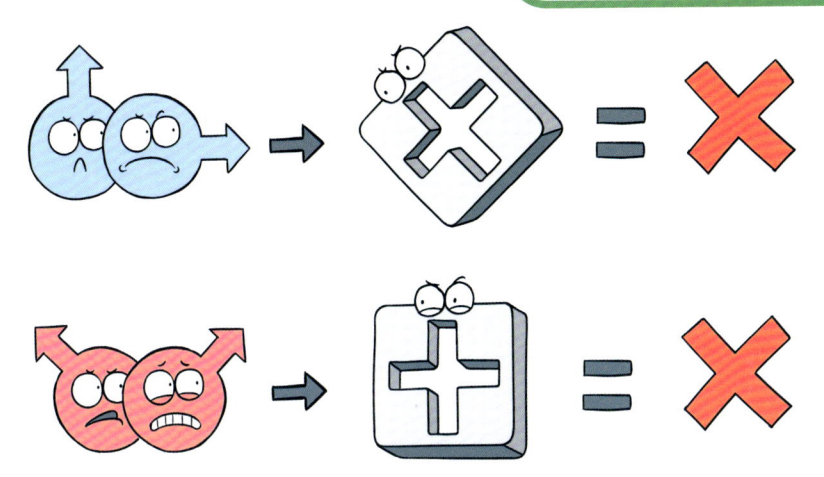

**只能接收器和光子偏振方向一致時，
才能接收到正確的位元。**

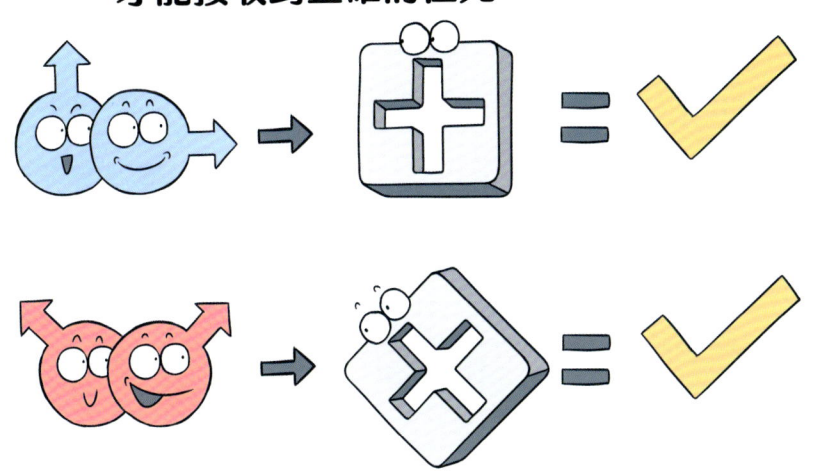

奇妙量子世界：人人都能看懂的量子科學漫畫

假設有人不自量力，
非要在半路竊聽，
由於他不知道每個光子發出的方向，
就算他接收到了一堆位元，
其中也會有大量的錯誤。

如果他自作聰明，
把含有大量錯誤的位元，
重新發送出去。
接收方收到位元後，
發現錯誤很多，
自然會知道有人在竊聽！

不好！我暴露了！

有人竊聽！

第九章

所以，
量子保密通訊
在通訊的過程中**不可竊聽**。

當科學家產生和發送量子金鑰時，
他總是先**隨機**發射兩類光子，
接收方則會**隨機**擺弄接收器的方向，
這會導致很多光子的接收失敗。

然後，
科學家會和接收方通個電話，
交流一下哪些光子失敗，
哪些光子成功。

正斜斜正正正斜……

説的是個啥？

正斜正正斜正正……

接收者

發送者

從此以後再也沒法開心地竊聽了。

把失敗光子的位元統統刪除，
剩下的位元就組成了量子金鑰。
因為每串金鑰都是**隨機**產生的，
由此加密的資訊便統統**不可破解**。

157

奇妙量子世界：人人都能看懂的量子科學漫畫

3 如何建造量子通訊的中國京滬幹線？

2016年8月，中國發射了一枚量子科學實驗衛星，這是通向量子保密通訊的關鍵一步。

不過，由於衛星並不在同步軌道上，而是不斷在天上跑來跑去，它不能24小時為我們提供服務，所以，我們還要建造地面量子通訊系統：京滬幹線。

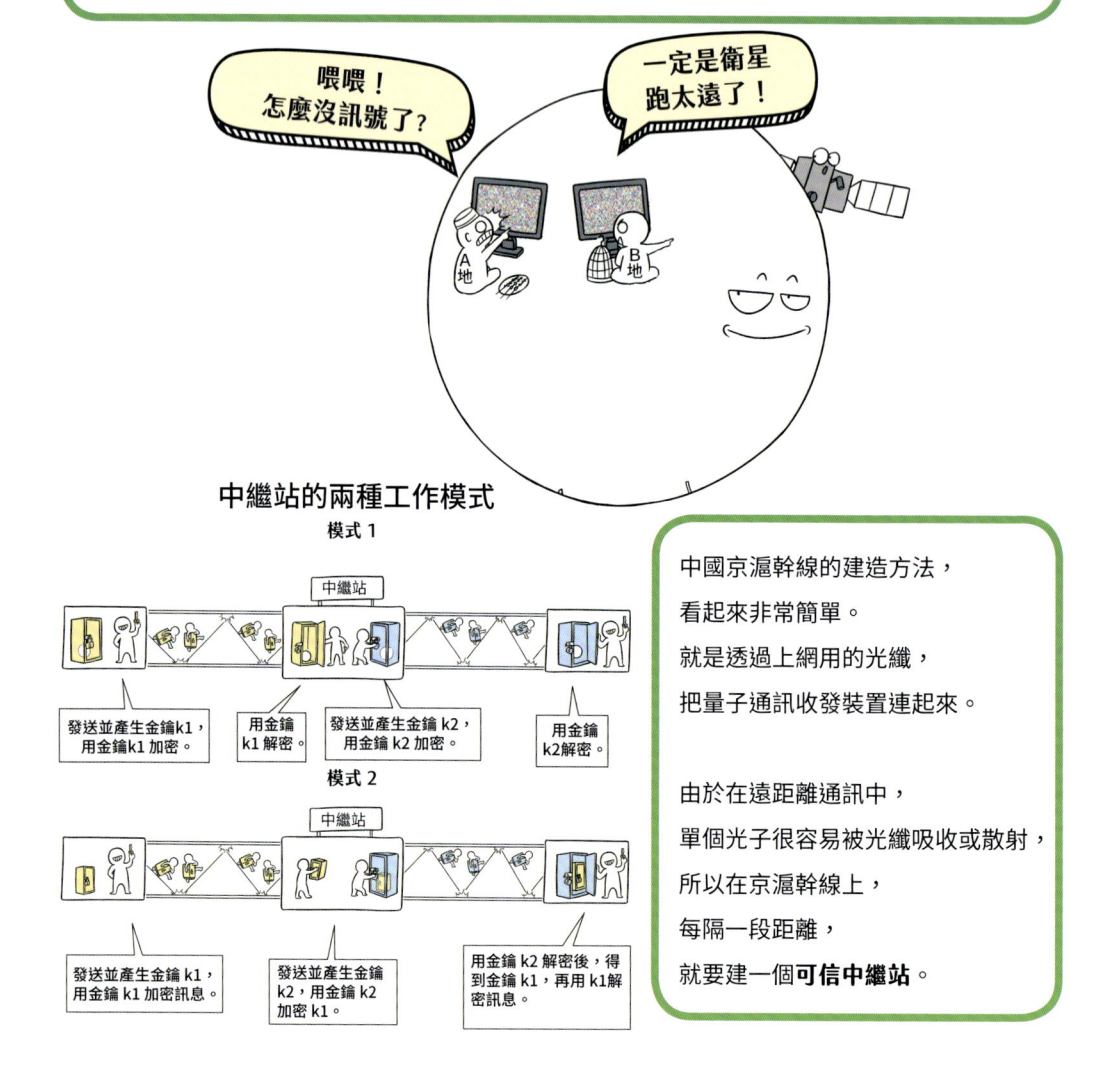

喂喂！怎麼沒訊號了？

一定是衛星跑太遠了！

A地　B地

中繼站的兩種工作模式

模式1

中繼站

發送並產生金鑰k1，用金鑰k1加密。

用金鑰k1解密。

發送並產生金鑰k2，用金鑰k2加密。

用金鑰k2解密。

模式2

中繼站

發送並產生金鑰k1，用金鑰k1加密訊息。

發送並產生金鑰k2，用金鑰k2加密k1。

用金鑰k2解密後，得到金鑰k1，再用k1解密訊息。

中國京滬幹線的建造方法，看起來非常簡單。就是透過上網用的光纖，把量子通訊收發裝置連起來。

由於在遠距離通訊中，單個光子很容易被光纖吸收或散射，所以在京滬幹線上，每隔一段距離，就要建一個**可信中繼站**。

158

第九章

經典通訊處處設防　VS.　量子通訊重點設防

在可信中繼站之間，
量子金鑰會接力傳遞。
如果有敵人潛入了中繼站，
金鑰就有可能被竊聽。

但是，
相比**經典通訊的處處設防**，
可信中繼的重點設防容易多了。
所以，
這種量子通訊的實現方案，
在現有的技術技術下，
大大地提升了通訊的安全性。

奇妙量子世界：人人都能看懂的量子科學漫畫

4 中國京滬幹線有什麼意義？

首先，
中國京滬幹線的建成，
服務了國家的戰略需求，
使資訊安全領域
達到世界領先水準。

沒想到他們動作這麼快！

為什麼他們總是比我快一步！

早起鳥兒有蟲吃！

歐盟

中國

日本

美國

第九章

其次，中國京滬幹線吸引和培育了量子通訊的製造業和服務業。其中的很多關鍵設備，都是由中國企業自主研發和製造的。

例如，**上轉換單光子探測器**用的**鈮酸鋰波導晶片**，就是由濟南量子技術研究院和山東量子科學技術研究院有限公司共同研製的。

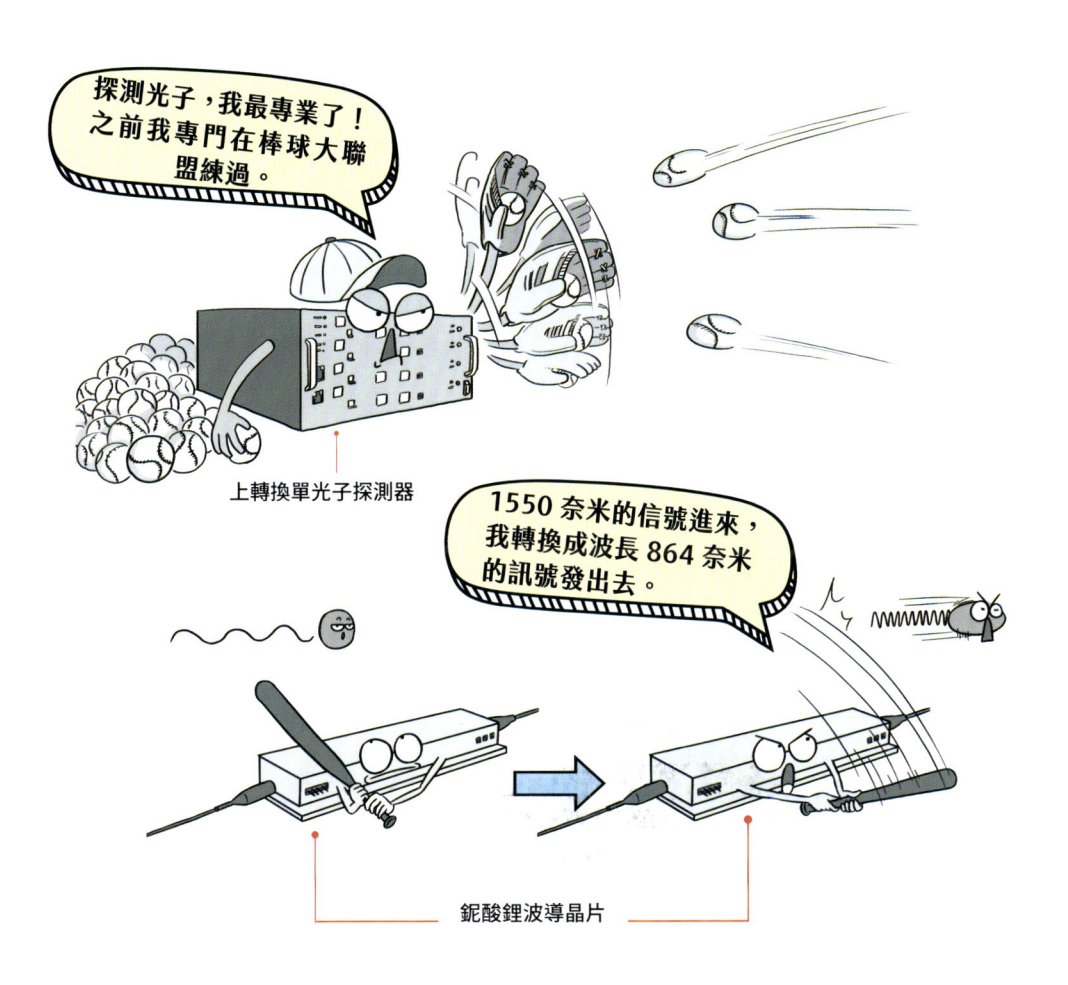

> 探測光子，我最專業了！之前我專門在棒球大聯盟練過。

上轉換單光子探測器

> 1550 奈米的信號進來，我轉換成波長 864 奈米的訊號發出去。

鈮酸鋰波導晶片

除此之外，中國企業還製造了能夠快速產生大量量子金鑰的 GHz 高速量子閘道；

在接入網站進行大規模加密和解密的**金鑰管理機**；

GHz 高速量子閘門

我有 N 個小秘密，就不告訴你～就不告訴你～

誰能拍攝一部量子資訊版《永不消逝的電波》？我要演主角。

金鑰管理機

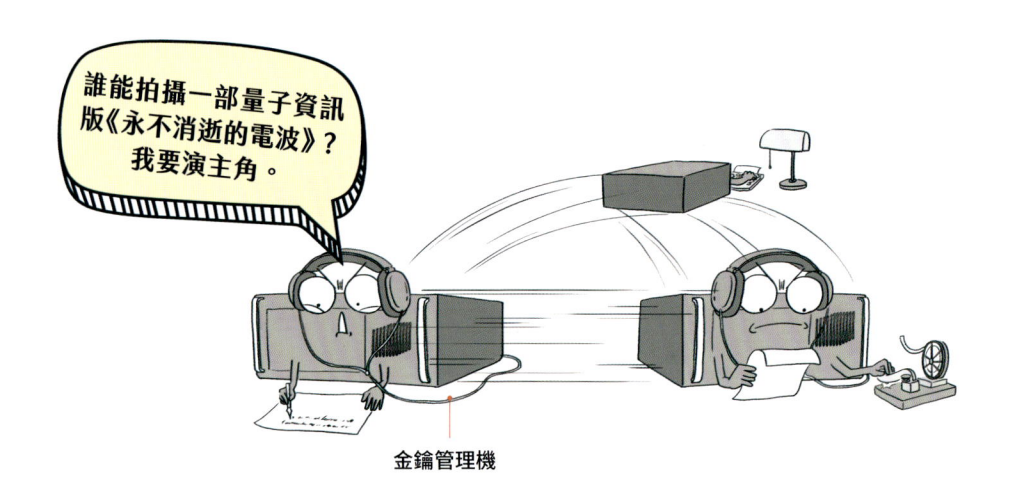

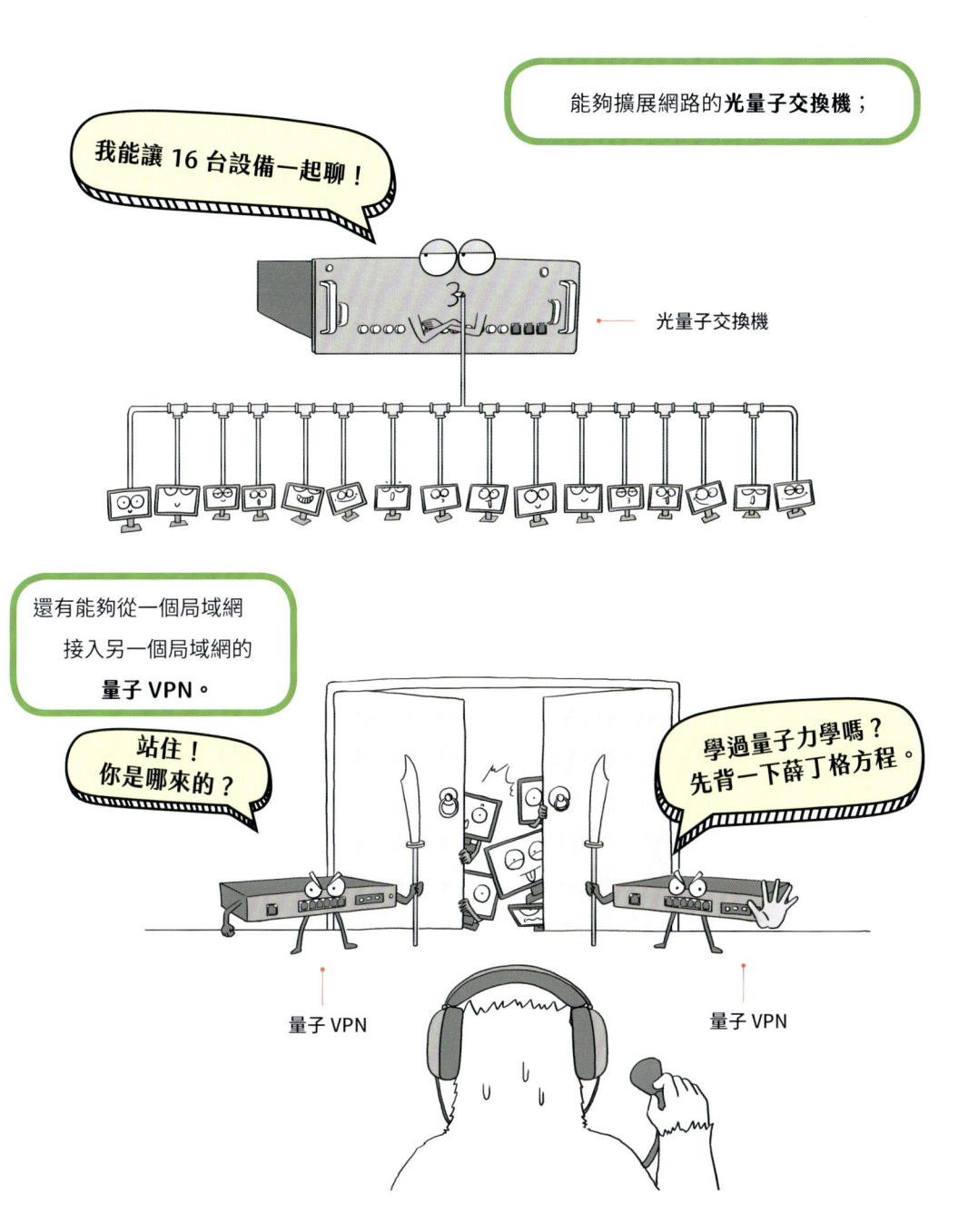

第九章

能夠擴展網路的**光量子交換機**；

我能讓 16 台設備一起聊！

光量子交換機

還有能夠從一個局域網
接入另一個局域網的
量子 VPN。

站住！
你是哪來的？

學過量子力學嗎？
先背一下薛丁格方程。

量子 VPN

量子 VPN

奇妙量子世界：人人都能看懂的量子科學漫畫

在中國京滬幹線的分階段建造中，**中國銀監會及其地方銀監局和銀行，** 就已經在各自的系統中，嘗試應用量子保密通訊了，這會為量子通訊的應用發揮示範效果。

量子實驗衛星的發射和量子通訊京滬幹線的建成，標誌著中國正在努力成為下一代資訊技術的「前鋒」。

量子通訊應用的大幕，正由中國和世界各地的科學家一起，徐徐拉開。

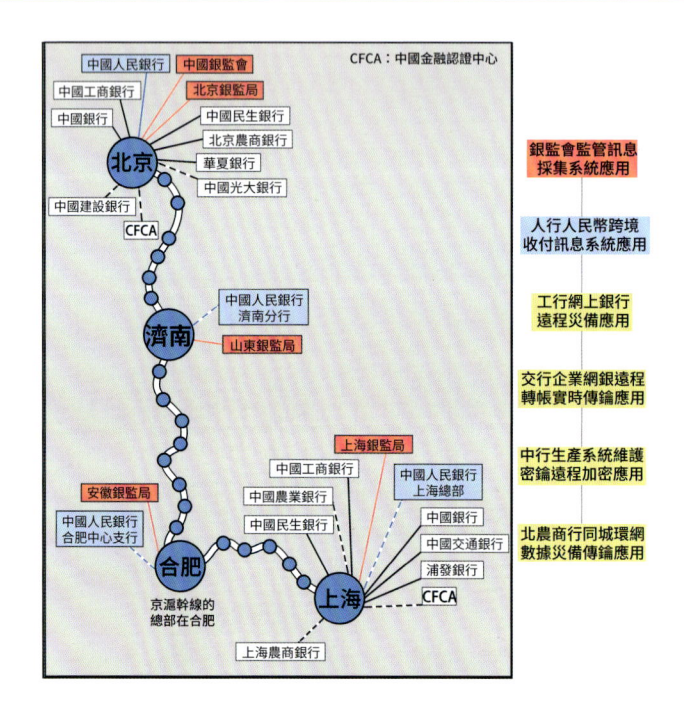

參考文獻：

中國科學技術大學京滬幹線專案組提供的資料。

164

第十章

中國科學家首次實現不傳輸任何實體物質的「反事實通訊」

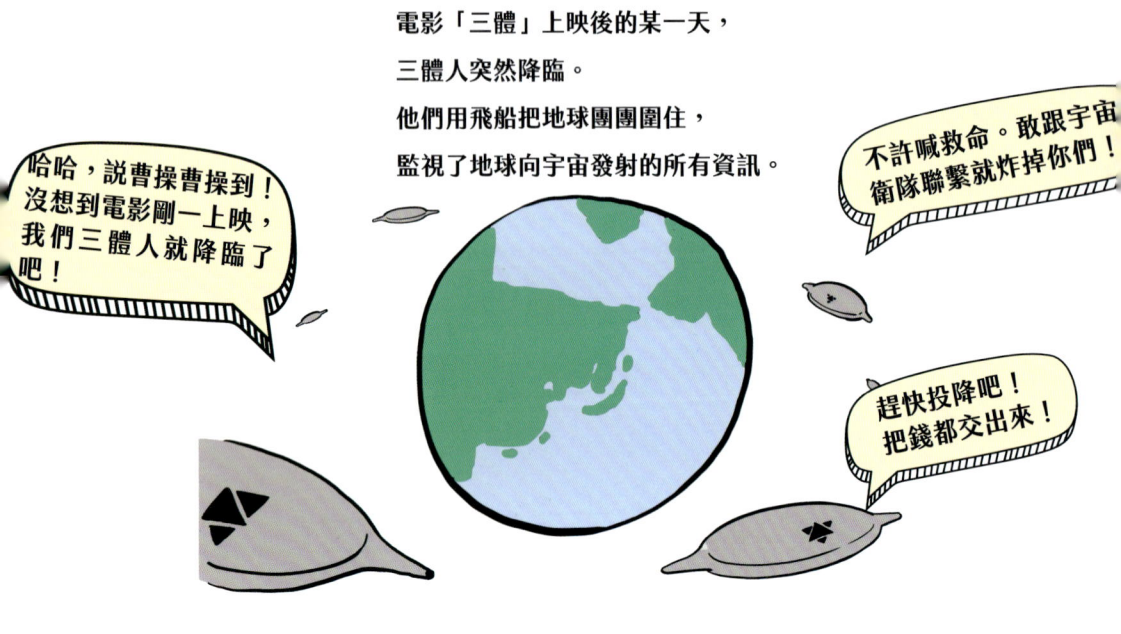

奇妙量子世界：人人都能看懂的量子科學漫畫

電影「三體」上映後的某一天，三體人突然降臨。
他們用飛船把地球團團圍住，監視了地球向宇宙發射的所有資訊。

哈哈，說曹操曹操到！沒想到電影剛一上映，我們三體人就降臨了吧！

不許喊救命。敢跟宇宙衛隊聯繫就炸掉你們！

趕快投降吧！把錢都交出來！

完蛋了，這次連引力波通訊都不敢用了！

真的有三體人～

第十章

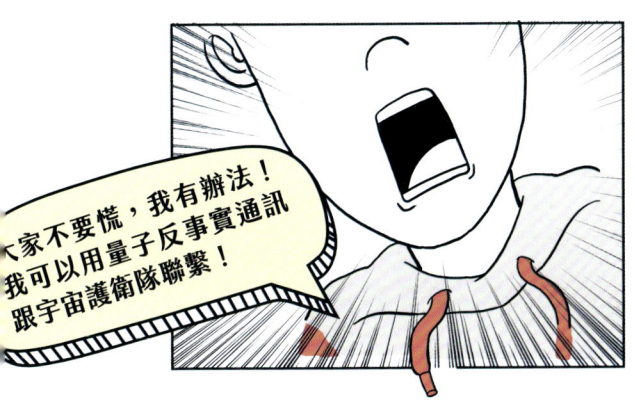

地球人透過「面壁計畫」，選出了一位物理學家——墨子。墨子號稱他可以向宇宙中發送資訊，完全不會被三體人監聽到。

大家不要慌，我有辦法！我可以用量子反事實通訊跟宇宙護衛隊聯繫！

我不用發射任何物質粒子，就能把資訊傳出去，三體飛船想監聽也沒有東西可以聽啊！

嗯，真的嗎？

真的嗎？不會被三體人監聽嗎？

反事實通訊計畫發起人：墨子

墨子花了 10 萬億美元，建造了一個巨大的黑色石碑。

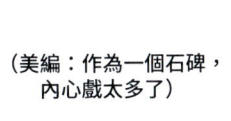

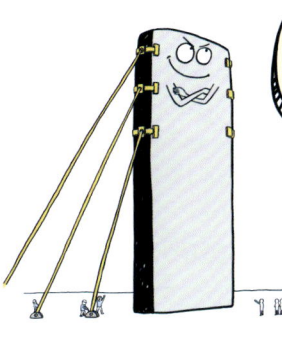

嗯，10 萬億美元～要不要分你一點？你想得美！

（美編：作為一個石碑，內心戲太多了）

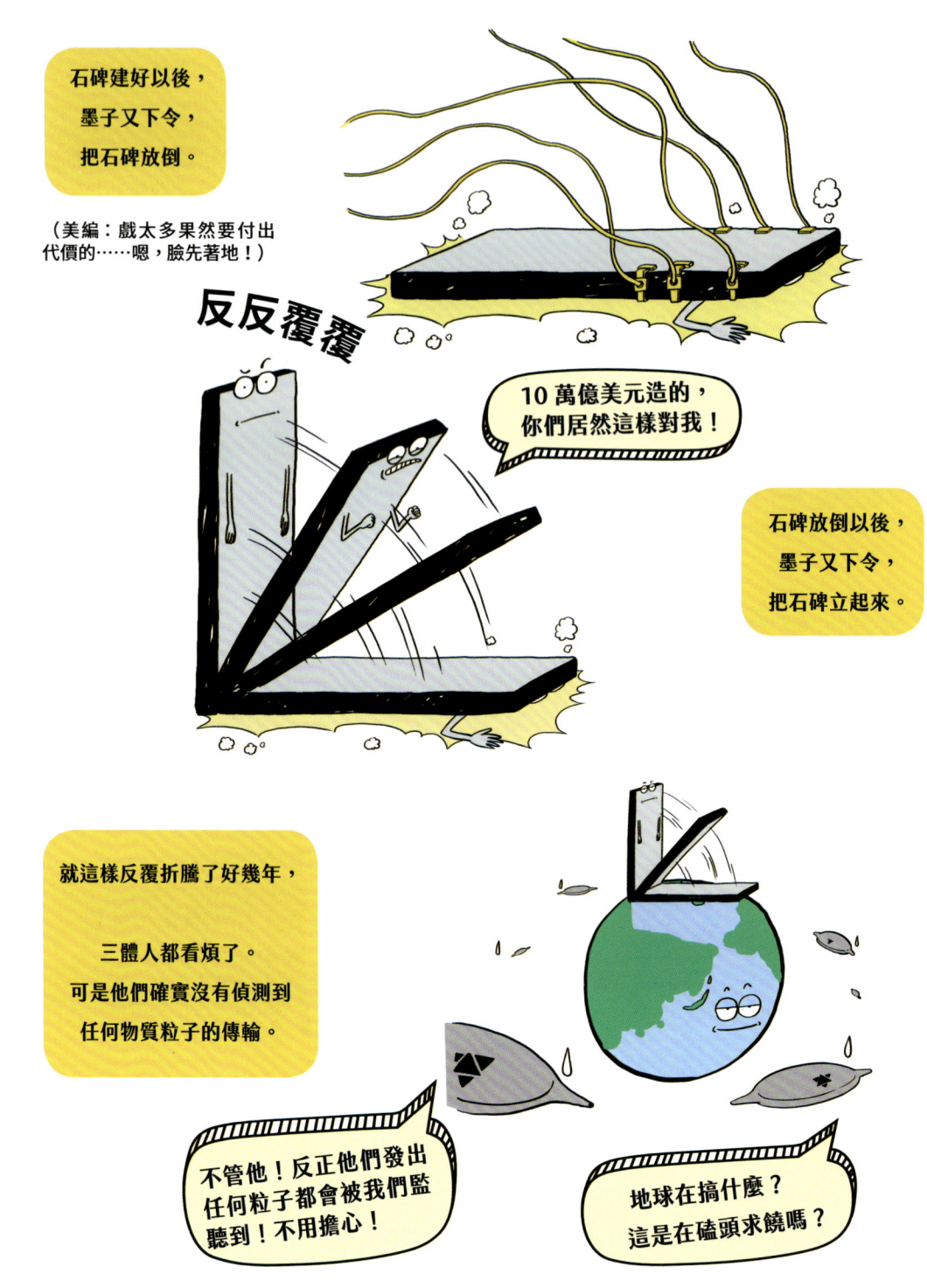

奇妙量子世界：人人都能看懂的量子科學漫畫

石碑建好以後，
墨子又下令，
把石碑放倒。

（美編：戲太多果然要付出代價的……嗯，臉先著地！）

反反覆覆

10萬億美元造的，你們居然這樣對我！

石碑放倒以後，
墨子又下令，
把石碑立起來。

就這樣反覆折騰了好幾年，

三體人都看煩了。
可是他們確實沒有偵測到
任何物質粒子的傳輸。

不管他！反正他們發出任何粒子都會被我們監聽到！不用擔心！

地球在搞什麼？
這是在磕頭求饒嗎？

168

突然有一天，
幾束鐳射飛進了太陽系，
瞬間就把三體人的飛船全消滅了。
地球重新獲得了和平。

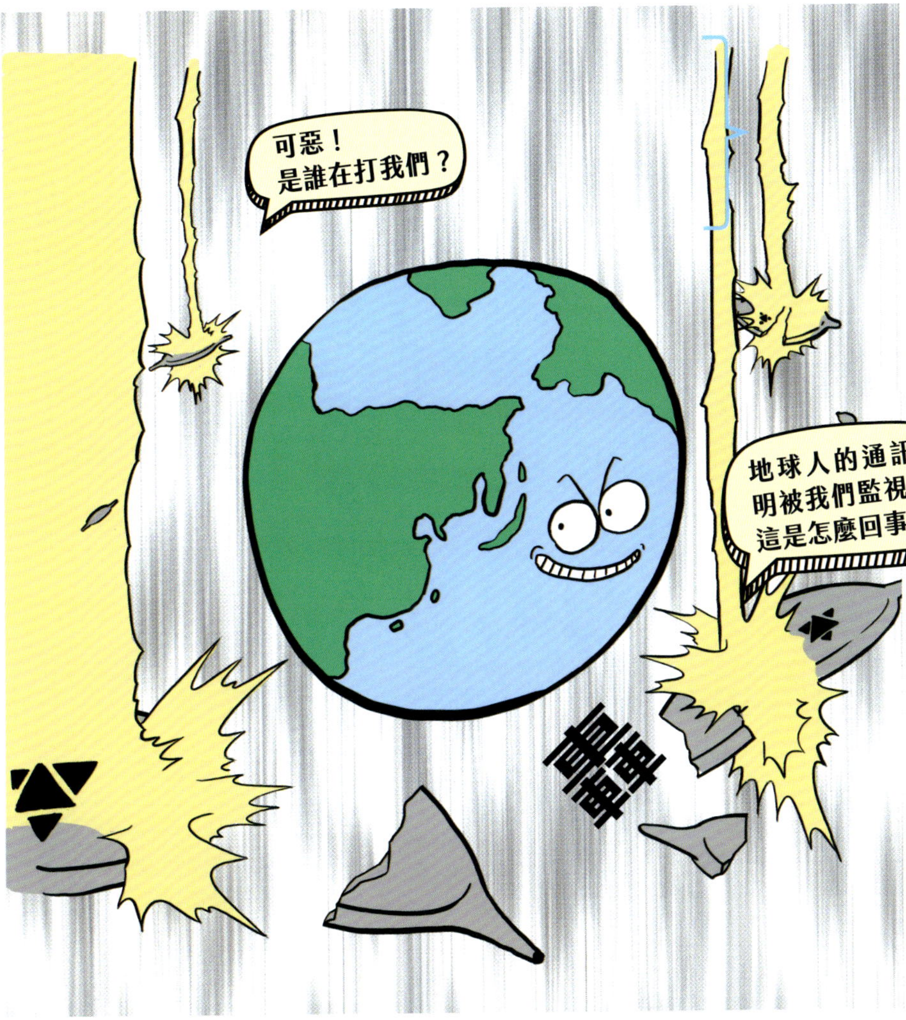

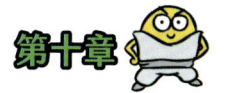

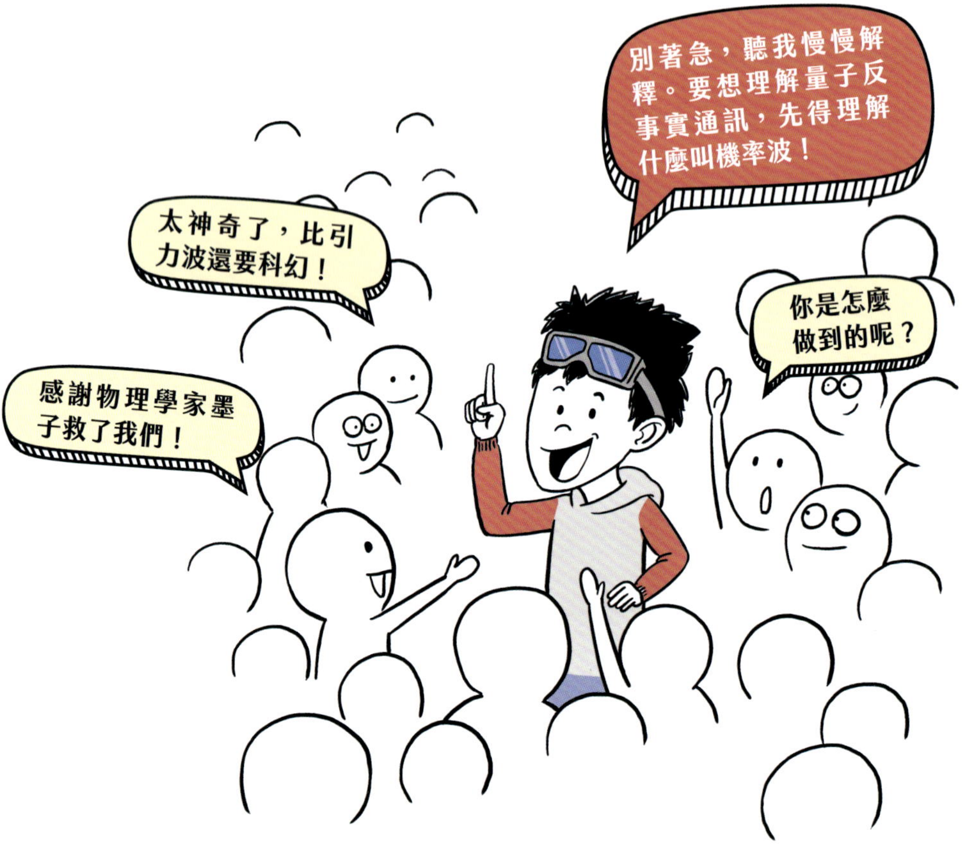

獲救的地球人既興奮，
又好奇，
他們紛紛圍住墨子，問長問短，
恨不能立刻報考物理系！

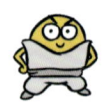

第十章

> 到底什麼是反事實通訊呢?
> 這個故事要從物質的本質說起。

1 光到底是粒子還是波?

在從前的物理學家眼中,粒子和波是兩種完全不同的東西。比方說,把物質切開,越切越小,切到最後就會得到一大堆組成物質的粒子。如果往池塘裡扔一塊石頭,池水泛起的波瀾就是一種波。

奇妙量子世界：人人都能看懂的量子科學漫畫

> 光是粒子。

牛頓

> 光是一種波。

胡克　湯瑪斯·楊　菲涅爾　邁克爾遜
　惠更斯　　歐拉　麥克斯韋

> 那麼問題來了，我們每天都要看到的光到底是粒子還是波呢？在這個問題上，從前的物理學家主要分為兩派。一派人認為光是粒子，另一派人堅持認為光是一種波。

172

第十章

那麼，光到底是粒子還是波呢？兩派人因為這件事至少吵了兩百年！

奇妙量子世界：人人都能看懂的量子科學漫畫

都給我住手，讓我來看看是怎麼回事！

公平地說，波派也好，粒子派也好，他們都有自己的道理，每一派都能提出一大堆實驗證據。

進入20世紀以後，物理學家漸漸發展出了量子力學。量子力學的創始人之一愛因斯坦也加入了戰鬥！

我證明了光是一種粒子。

愛因斯坦

牛頓

艾瑪！你們這是搞科學研究還是疊羅漢

這次，他破天荒地沒有打牛頓的臉，而是先幫牛頓的粒子派說了好話，證明說**光是由一種基本粒子組成的。**

註：愛因斯坦提出的科學依據叫作光電效應。因解釋了光電效應源於光的粒子性，愛因斯坦獲得了1921年諾貝爾物理學獎。

174

第十章

然而，愛因斯坦並沒有完全否定波派的觀點。他同時強調，**光確實很像一種波！**

> 但是，光也具有波的性質！

> 你到底站在哪一邊啊？

> 咦？難道劇情要反轉啦？

後來，經過德布羅意和玻恩等量子力學創始人的一番理論創新，物理學家終於把波和粒子這兩個概念弄懂了。原來，不僅僅是光，所有的物質粒子都跟光一樣，具有粒子和波的雙重性質，叫作**「波粒二象性」**。只不過，這裡的波不是水波、聲波那種傳統意義上的機械波，而是一種**「機率波」**。

175

2 光子和它的機率波

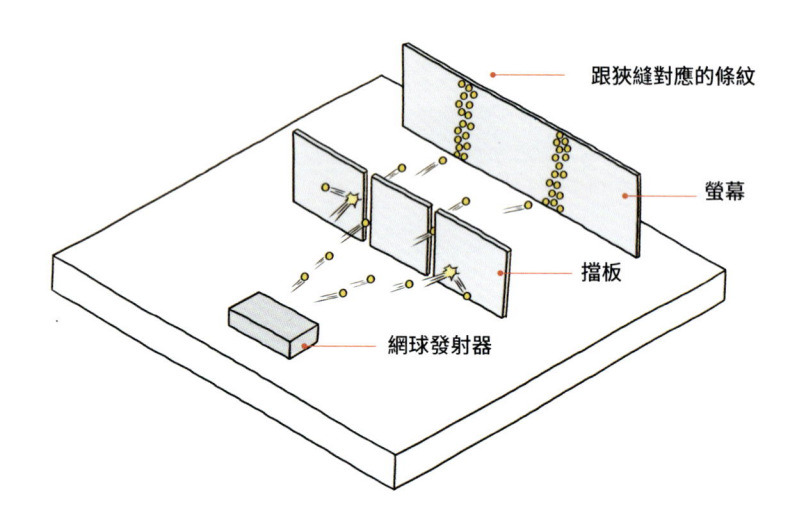

跟狹縫對應的條紋

螢幕

擋板

網球發射器

　　為了弄清楚什麼叫機率波,讓我們先看一下波和粒子有哪些不同。
　　假如,我們有一個網球發射器。在網球運動的半路上放一個擋板,在擋板中間開兩個狹縫,然後再在狹縫後面放一個螢幕。你就會發現,有的網球會被擋板擋住,有的網球會穿過狹縫,打在螢幕上,形成兩條跟狹縫對應的條紋。

第十章

　　但如果最開始發射的不是粒子，而是水波，你就會發現，水波在穿過兩個狹縫的一剎那，變成了兩個子波，這兩個子波的波峰和波峰碰在一起就會加強，波峰和波谷碰在一起就會抵消。它們傳播到螢幕上以後，有的地方加強，有的地方削弱了，就會形成一系列強弱相間的**干涉條紋**。

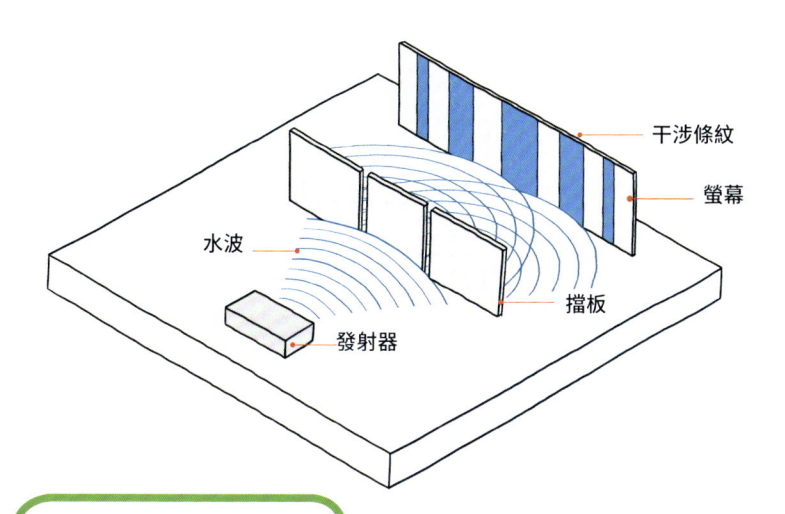

干涉條紋
螢幕
水波
擋板
發射器

　　現在，我們把這個實驗放在微觀尺度上重新做一遍。如果我們發射的既不是網球，也不是水波，而是像光子、電子這樣的「波粒二象性」怪胎，結果就會大大出乎你的意料。當你發射第一個光子的時候，螢幕上出現一個亮點，看起來光子確實是一種粒子。

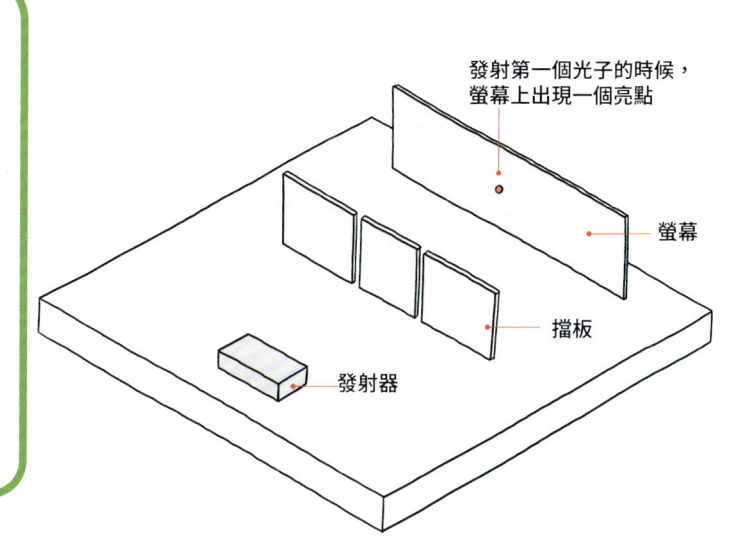

發射第一個光子的時候，螢幕上出現一個亮點
螢幕
擋板
發射器

但如果你持續不斷地發射光子（每次只發射一個）的話，積累到一定數量之後就會發現，光子不會像網球那樣在螢幕上形成兩條對應狹縫的條紋，而是像水波一樣，形成了一系列強弱相間的條紋！

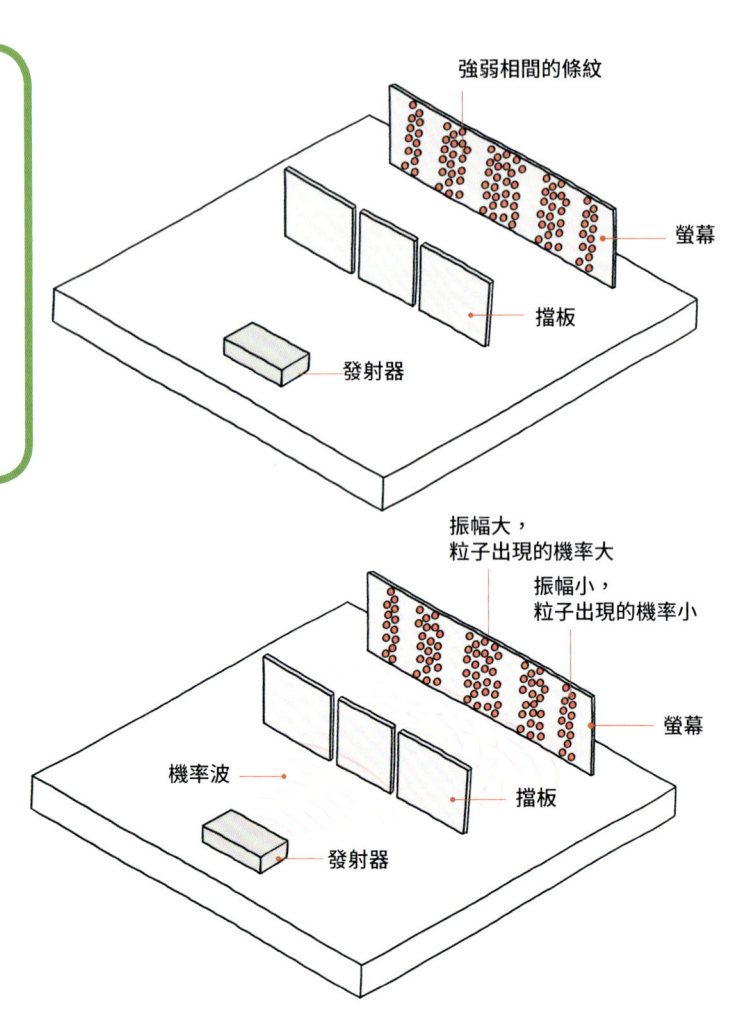

（圖：強弱相間的條紋、螢幕、擋板、發射器）

（圖：振幅大，粒子出現的機率大；振幅小，粒子出現的機率小；螢幕、擋板、機率波、發射器）

所以你看，光子打在螢幕上，形成了一個亮點，而不是一個條紋，這說明**光子是一種粒子**。另一方面，很多光子打在螢幕上以後，形成的分佈是水波一樣的條紋，**這說明光子又是一種波**。波紋強的地方說明光子落在這裡的機率大，波紋弱的地方說明光子落在這裡的機率小。所以，我們可以把光子對應的波理解成一種**描述光子出現機率大小的波**！

第十章

量子力學認為,光子對應的機率波嚴重違反了日常生活的直覺!比方說,這種波無處不在,會填滿整個宇宙!**就算在某個地方,機率波的大小等於零,它仍然是存在的!**

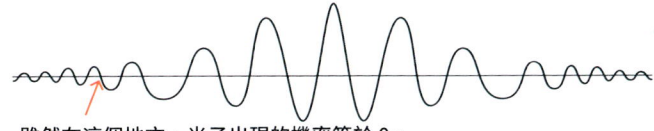

雖然在這個地方,光子出現的機率等於0,而且機率波的振幅也等於0,但是機率波仍然是存在的,而且無處不在。

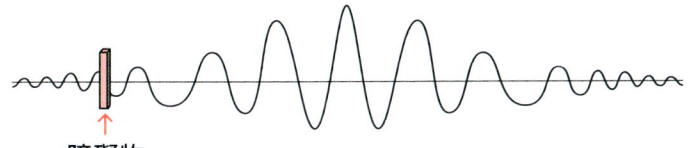

障礙物

於是,有物理學家就要開腦洞了(**請注意專心聽講!**),假設在一個地方,光子出現的機率等於0,如果物理學家在那個地方放一個障礙物(比如擋板或者鏡子),結果又會怎樣呢?

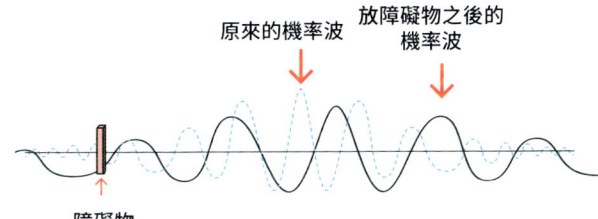

首先,根據物理學家的計算,雖然光子出現在那裡的機率等於0,機率波在那裡的大小也等於0,但是機率波仍然經過了那個地方。當我們把障礙物放進去,障礙物就會擋住機率波傳播的路,這會導致機率波的強度分佈發生改變,最終**導致光子出現在螢幕上各個地方的機率發生變化!**

其次,雖然障礙物導致螢幕上各個地方的機率波大小發生了變化,但如果實驗設計的特別巧妙,使得障礙物恰好只影響了其他地方的機率大小,**沒有影響障礙物附近的機率波大小(仍然是0),那就厲害啦!**

原來的機率波　　放障礙物之後的機率波

障礙物
(附近的機率波大小仍然是0)

放置了障礙物後螢幕上條紋的假想圖

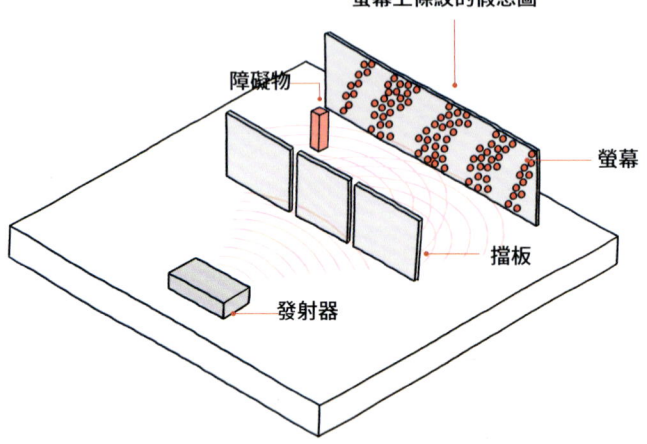

障礙物

螢幕

擋板

發射器

也就是說，物理學家可以設計一種實驗方案，使得：**不管障礙物是否存在，光子都不會在障礙物附近出現**，然而，光子在螢幕上顯示的干涉條紋形狀卻能告訴我們障礙物到底存在不存在。

那麼，這樣的奇怪實驗能產生什麼用處呢？

3 用「沒有發生的事情」通訊

> 以前的人都說，兩個人要想傳輸資訊，他們必須先互相傳輸物質粒子。我看未必！

聰明的物理學家繼續開腦洞！他們設想，利用這種「沒有發生的事情」（光子沒有碰到障礙物），也能在兩個人之間傳輸資訊（障礙物存在或不存在）！

2013 年，著名理論物理學家 Zubairy 的團隊在前人研究的基礎上，提出了一個能夠實現這種腦洞的奇妙實驗方案。

M. Suhail Zubairy

第十章

在下面這個裝置中，有很多半透明的玻璃片。當一個光子照在上面時，半透明玻璃片會以一定機率讓光子透射過去，也會以一定機率將光子反射出去（這跟鏡片很像）。透過設置一堆這樣的玻璃片（學名叫分束器）和一堆全反射鏡，Zubairy 團隊把實驗裝置分成了兩個部分：A 部分和 B 部分。

實驗開始以後，光子會從最上面的發射器出發，最後被最下面的兩個探測器 D_0 和 D_1 接收。在發射器和接收器之間，每一條可能的路線都對應著一股光子的機率波。但是由於機率波會相互疊加、相互抵消，經過 Zubairy 團隊的巧妙設計，實驗裝置 B 部分的機率波差不多都被抵消光了。如果這樣的實驗裝置有無窮多組，那麼 B 部分的機率波就會完全等於 0！

這時，如果 B 部分的人任由機率波通過，整套裝置中的機率波就會以一種方式相互疊加和抵消，結果會導致所有的光子跑到探測器 D_0 中。

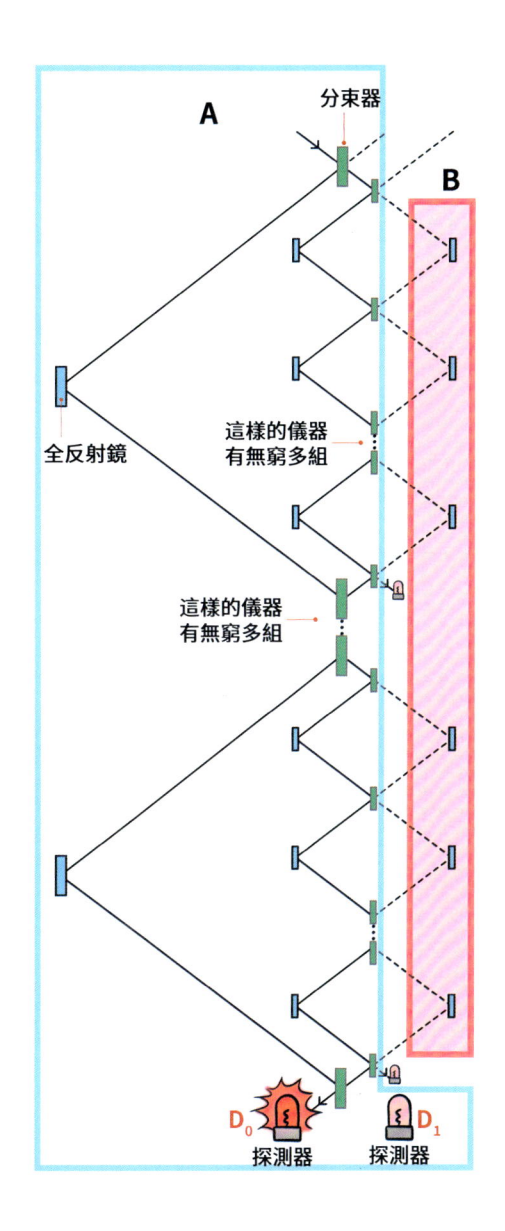

181

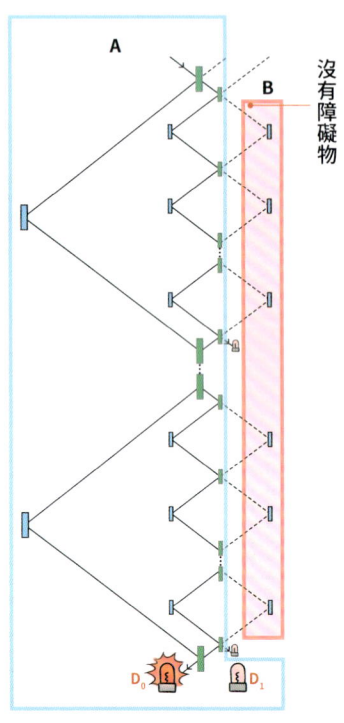

(如果 B 處沒有障礙物，那麼所有的光子都會跑到探測器 D_0 中)

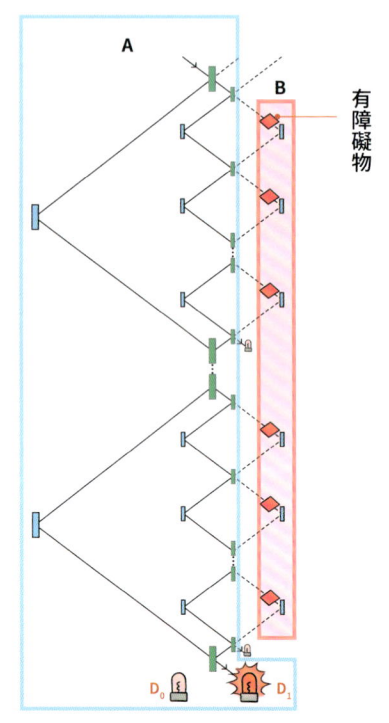

(如果 B 處有障礙物，那麼所有的光子都會跑到探測器 D_1 中)

　　如果 B 部分的人在半路上放上無窮多個障礙物，攔住其中一部分機率波（雖然這部分機率波的幅度等於 0），剩下的機率波就會以另一種方式相互疊加和抵消，產生另一種結果，最後導致所有的光子跑到探測器 D_1 中。

第十章

於是，Zubairy 團隊就得到了這樣一個神奇的結果：不論 B 是否放置障礙物，都不會有光子從那條路上路過。但是，只要 A 發射一個光子，然後看看是 D_0 還是 D_1 接收了光子，它就反推出 B 是否在半路上放了障礙物！

也就是說，A 和 B 之間沒有任何粒子通過，他們僅憑「未發生的事情」（光子並沒有通過 B 的地盤並沒有在 B 的地盤被障礙物擋住），就成功地從 B 向 A 傳輸了資訊（障礙物不存在存在）。

已經發生的事情就是事實，在英文中叫作 factual。而「未發生的事情」就是事實的反面，所以彭羅斯將這種通訊方式叫作反事實（counter-factual）通訊！

4 潘建偉團隊首次實現反事實直接通訊

光路多級嵌套的直接反事實量子通訊實驗裝置

2017 年，中國科學技術大學潘建偉教授及其同事彭承誌、陳宇翱等和清華大學馬雄峰合作，在國際上首次在實驗中實現了反事實直接量子通訊。他們設計了一個更精巧的裝置，對方案進行了優化。這是一種多級嵌套的光路。

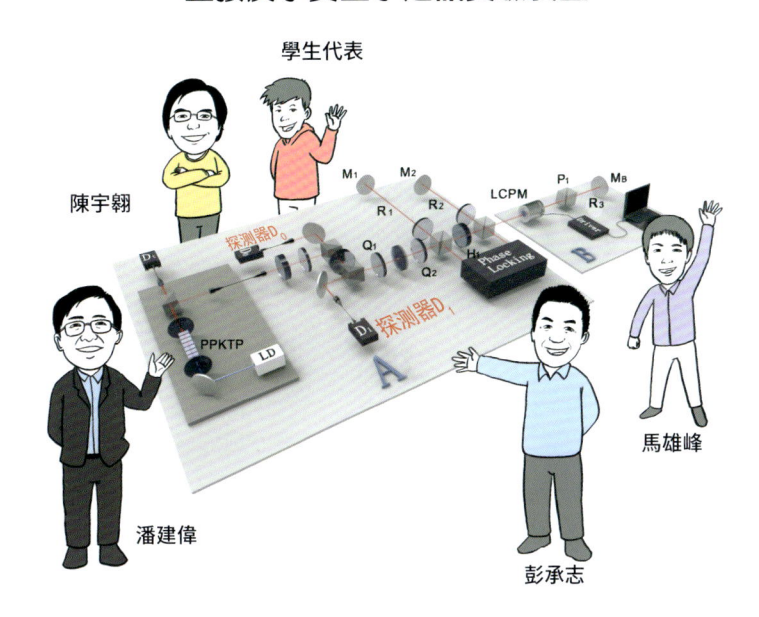

奇妙量子世界：人人都能看懂的量子科學漫畫

> 　　由於實驗裝置不可能實現無窮多組的效果，所以光子通過 B 的機率並不是嚴格地等於 0。針對這種情況，實驗團隊使用一個非常好的單光子源作為光源，保證 A 每次只發射一個光子。
>
> 　　實驗中有兩種成功通訊的情況：
>
> 　　**1. 如果 D_0 接收到一個光子**，說明通信成功。A 會反推出這個光子沒有經過 B 的部分（光可能的行進路線是在 P_1 透射，然後抵達鏡子，並發生反射）。這種情況記為**位元 0**。

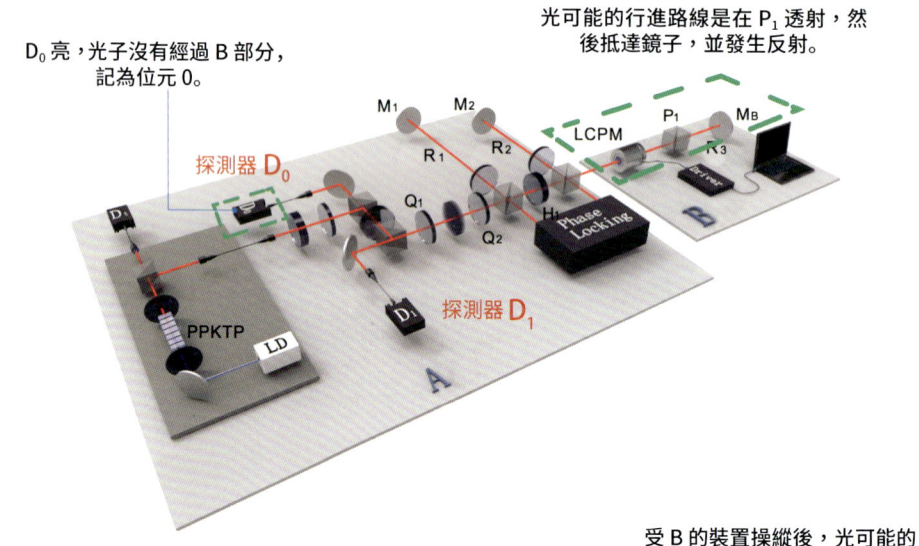

光可能的行進路線是在 P_1 透射，然後抵達鏡子，並發生反射。

D_0 亮，光子沒有經過 B 部分，記為位元 0。

受 B 的裝置操縱後，光可能的行進路線是在 P_1 處就發生反射，沒有抵達鏡子就離開 B 部分。

> 　　**2. 如果 D_1 接收到一個光子**，說明通訊成功。A 會反推出這個光子沒有經過 B 的部分（受 B 的裝置操縱後，光可能的行進路線是在 P1 處就發生反射，沒有抵達鏡子就離開 B 部分）。這種情況記為**位元 1**。

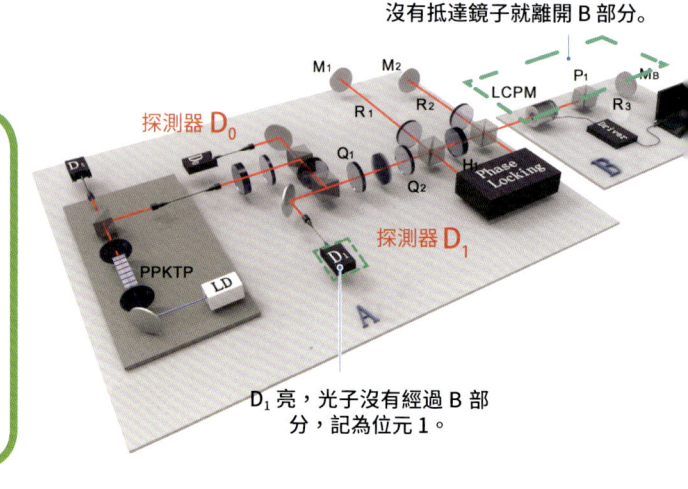

D_1 亮，光子沒有經過 B 部分，記為位元 1。

184

第十章

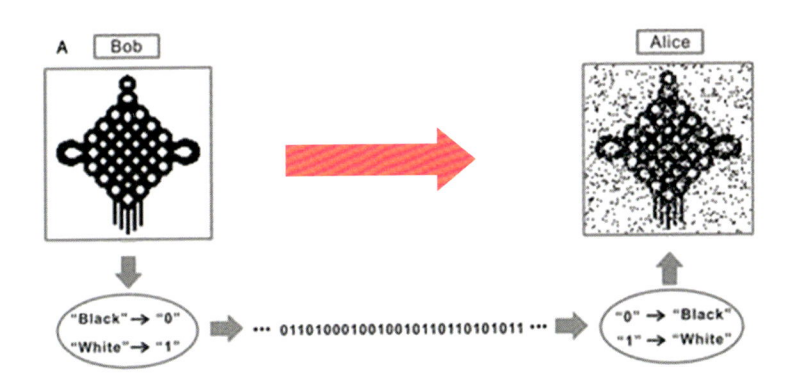

  因為 A 每次只發射一個光子，當他的探測器 D_0 或 D_1 探測到這個光子時，光子一定沒有經過 B。也就是說，在進行反事實通訊的時候，A 只要接收到了光子，就說明他們確實用「沒有發生的事情」（光子沒有經過 B）傳輸了資訊（位元 0 或位元 1）！

  透過這種實驗裝置，他們成功傳輸了一張 100×100 圖元的中國結圖片，傳輸正確率達到了 87%！這個實驗入選了英國物理學會（Institute of Physics）新聞網站物理世界（Physics World）公佈的 2017 年度國際物理學領域的十項重大突破。

  反事實直接通訊實驗挑戰了普通人的常識。很多物理學家雖然天天跟機率波打交道，但他們總是認為，機率波是一種數學假設，是為了計算方便而引入的，並不是真實存在的。可是，反事實通訊方案的提出者之一、Zubairy 的團隊成員 Salih 解釋，「我相信（潘建偉團隊的）這個實驗支援了量子波函數（筆者注：即機率波）是真實存在的實體：如果光子沒有傳輸資訊，那麼在這個實驗中，到底是什麼東西在傳輸資訊呢？」

注釋：

1. 在 Zubairy 團隊和潘建偉的實驗中，他們都借助了一種量子效應，即量子芝諾效應。透過這種效應，他們盡可能地降低了粒子出現在 B 處的機率，提高了光子的傳輸效率。

2. 量子芝諾效應的名字源於古希臘哲學家芝諾提出的芝諾悖論。芝諾提出「飛矢不動」，即如果你不停地看一支射出的箭飛到了哪裡，而且你觀察它的時間間隔可以任意地小，箭就會停在半空。量子芝諾效應與之類似，是說如果你不斷測量一個量子狀態演化成了什麼樣子，而且測量的時間間隔任意小，那麼這個量子態就會停止演化，始終保持原來的狀態。

3. 文章開頭的那個故事比較理想化。我們假設遙遠的協力廠商外星人扮演了 A 的角色，地球上的面壁者墨子扮演了 B 的角色。墨子透過石碑反覆擋住、打開一條光路，向協力廠商外星人發出了求救資訊。而這中間不涉及任何實體粒子的傳輸，所以三體人並沒有察覺。

4. 如果三體人預先知道了墨子會用這種方式傳遞資訊，他們也可以相應地改變部署，破壞物質波的傳播路徑，破壞反事實通訊的過程。本文開頭的故事是假設他們完全被蒙在鼓裡。

參考文獻：

1. Salih H, Li Z H, Al-Amri M, et al. Protocol for direct counterfactual quantum communication[J]. Physical review letters, 2013, 110(17): 170502.
2. Cao Y, Li Y H, Cao Z, et al. Direct counterfactual communication via quantum Zeno effect[J]. Proceedings of the National Academy of Sciences, 2017, 114(19): 4920-4924.
3. Roebke J. Nil Communication: How to Send a Message without Sending Anything at All[J]. Scientific American, 2017-6-27.

第十一章

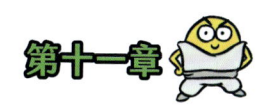

5 分鐘看懂中國最新的量子電腦

量子力學說不定會成為計算機（資訊）工程系的必修課哦！

阿基米德說過，
「給我一個支點和槓桿，
我可以舉起整個地球。」

那麼問題來了：
為了承受地球的重量，
這根槓桿得多粗多長？

這樣的槓桿
或許根本造不出來。

所以，你們造槓桿的水準不行，不能怨我了。

太好啦，這樣我就
不用自己運算啦！

Sheldon，給我初始資料，我能計算整個宇宙的未來！

同樣的道理，
在電腦科學家眼中，
給他一台傳統電腦，
就能對一切任務進行運算。

只不過有些任務比較複雜，
運算時間有點長。

第十一章

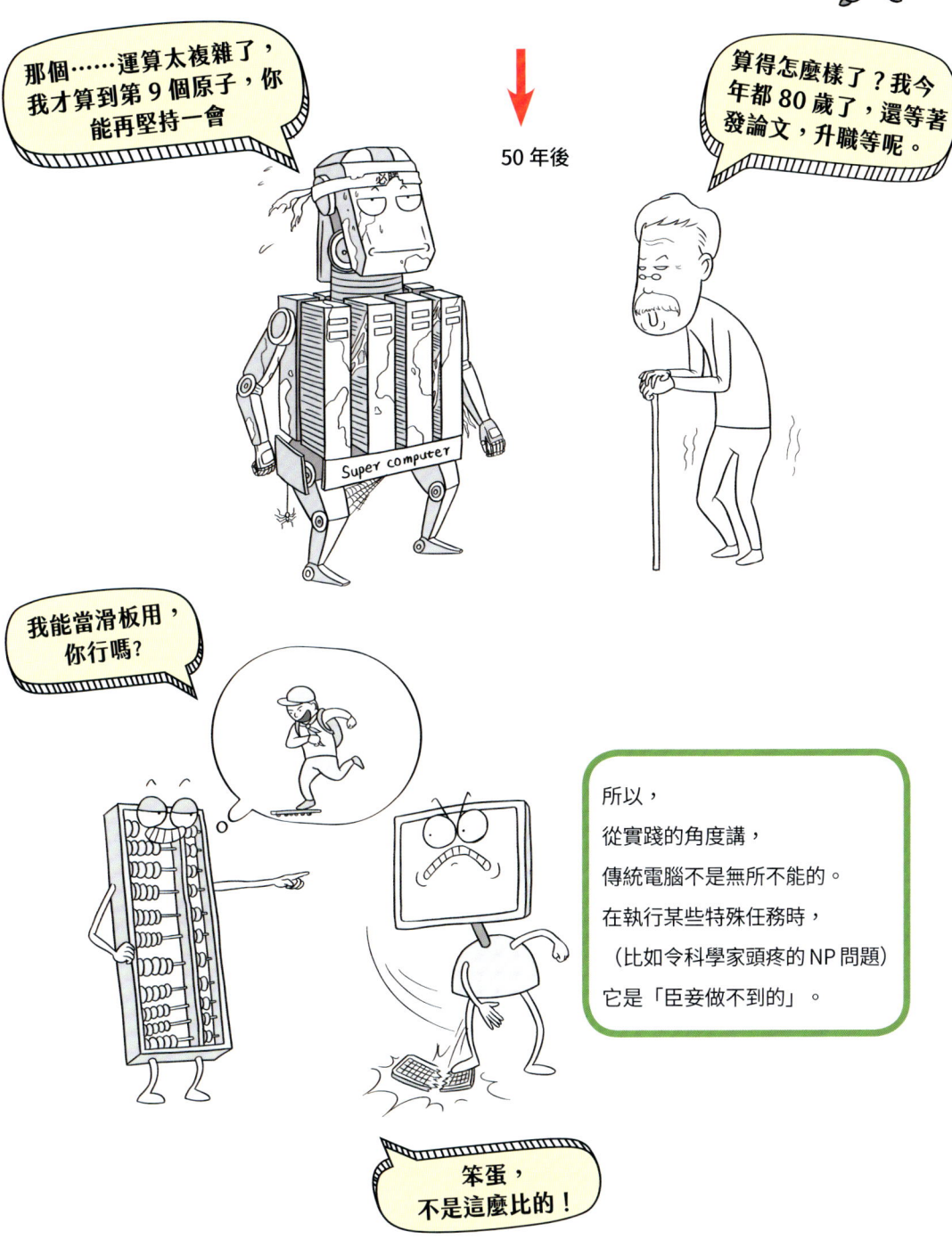

那個……運算太複雜了，我才算到第 9 個原子，你能再堅持一會

50 年後

算得怎麼樣了？我今年都 80 歲了，還等著發論文，升職等呢。

Super computer

我能當滑板用，你行嗎？

笨蛋，不是這麼比的！

所以，
從實踐的角度講，
傳統電腦不是無所不能的。
在執行某些特殊任務時，
（比如令科學家頭疼的 NP 問題）
它是「臣妾做不到的」。

189

奇妙量子世界：人人都能看懂的量子科學漫畫

2010 年，
MIT 的電腦科學家
阿倫森和阿爾希波夫提出，
在一種類似於高爾頓板的
量子光學系統中，
進行**「玻色採樣」**的任務，
傳統電腦就搞不定。

弄一塊木板，在上面釘很多釘子，下面有很多出口，就是高爾。

阿爾希波夫　阿倫森

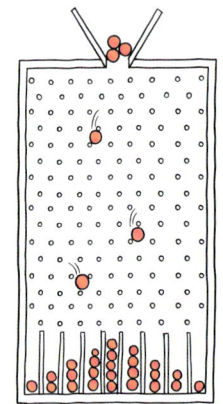

如果你在上面放很多彈珠，它們就會隨機掉到下面的某個口子裡。

這有何難？我模擬的微軟彈珠遊戲比這個複雜多了！

190

第十一章

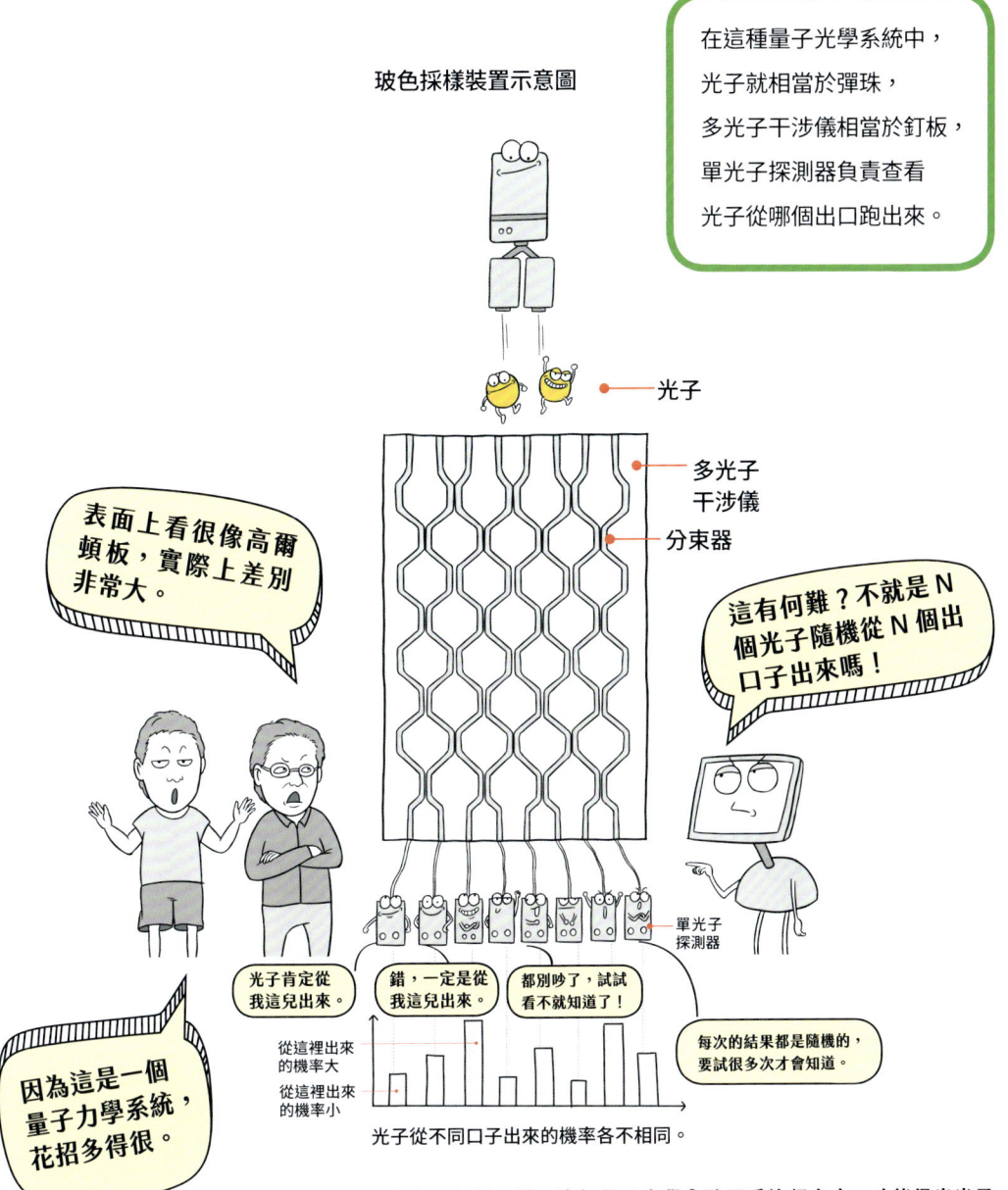

玻色採樣裝置示意圖

在這種量子光學系統中，光子就相當於彈珠，多光子干涉儀相當於釘板，單光子探測器負責查看光子從哪個出口跑出來。

光子

多光子干涉儀

分束器

表面上看很像高爾頓板，實際上差別非常大。

這有何難？不就是 N 個光子隨機從 N 個出口子出來嗎！

單光子探測器

因為這是一個量子力學系統，花招多得很。

光子肯定從我這兒出來。

錯，一定是從我這兒出來。

都別吵了，試試看不就知道了！

每次的結果都是隨機的，要試很多次才會知道。

從這裡出來的機率大
從這裡出來的機率小

光子從不同口子出來的機率各不相同。

注：就像高爾頓板一樣，這個量子光學實驗要重複很多次，才能得出光子出現在各個口子的穩定的機率分佈。在每一次實驗中，從輸入光子到探測器探測到光子，叫作一次「玻色採樣」。因為光子是一種玻色子。

玻色採樣看似是個普通問題，可是一旦牽扯到**量子力學**，很多違反直覺的「花招」，突然就冒出來了！

玻色採樣中的「花招」

「花招」一：
波粒二象性

在量子力學中，
光子既是一種**粒子**，
又是一種**波**。

一束波遇到障礙之後，

既會透射，又會反射，

所以，

光子遇到分束器時，

既會透射，又會反射，

會同時從兩側跑出來。

看我的多重影分身術！

這就是波粒二象性的威力！

媽呀，這是什麼鬼！

50/50 分束器

第十一章

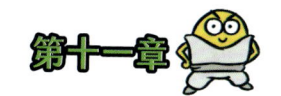

「花招」二：不可區分性

兩個光子的情況就更複雜了。
首先，
兩個光子可能完全一樣，
你根本區分不了誰是誰。

注：這就是量子力學的全同性原理。

奇妙量子世界：人人都能看懂的量子科學漫畫

> 「花招」三：
> 多光子干涉
>
> 在同時經過分束器的時候，
> 兩個光子的分身們，
> 有可能會相互**疊加**，
> 也有可能會相互**抵消**，
> 最終結果很難一句話說明白。

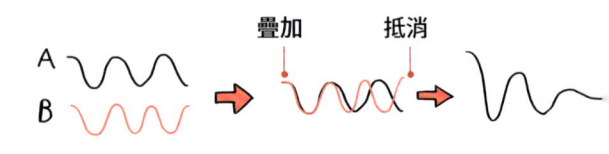

疊加　抵消

只有波才會疊加和抵消。

疊加

抵消

我們既是粒子又是波，可疊加也可抵消。

這都是什麼跟什麼？

注：以上的比喻進行了一些簡化。這其實是一種雙光子干涉效應，即 Hong-Ou-Mandel 效應。

194

第十一章

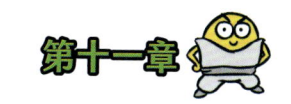

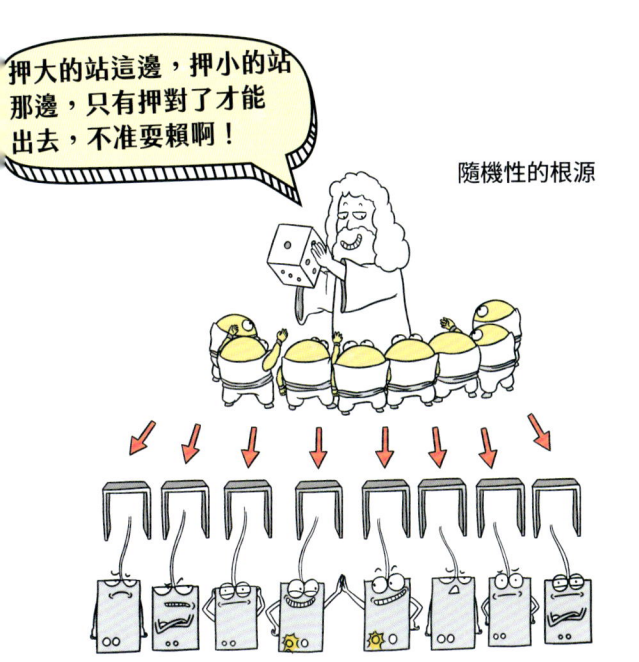

押大的站這邊，押小的站那邊，只有押對了才能出去，不准耍賴啊！

隨機性的根源

「花招」四：採樣時波函數塌縮

當光子遇到出口的探測器時，就會突然收起波動性，展現出最初的粒子性。

一開始有兩個光子進來，最後只能讓兩個光子出去，其餘的「分身們」都必須消失，這就是量子力學中的波函數塌縮。

N 個光子跑進去

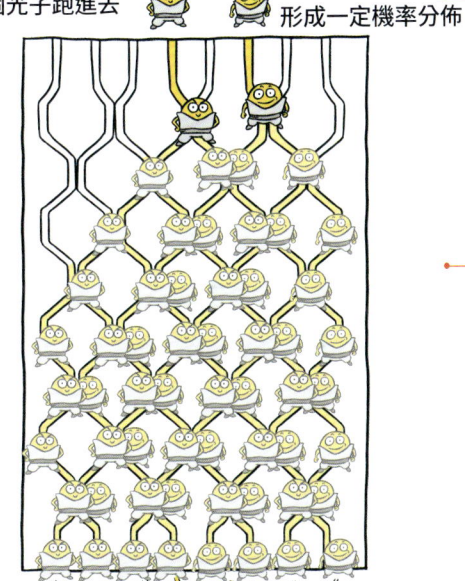

發生干涉並形成一定機率分佈

總之，玻色採樣就是 N 個光子跑進去，又隨機從其中 N 個出口跑出來的過程，全部歸**量子力學**管。

越來越荒唐了！

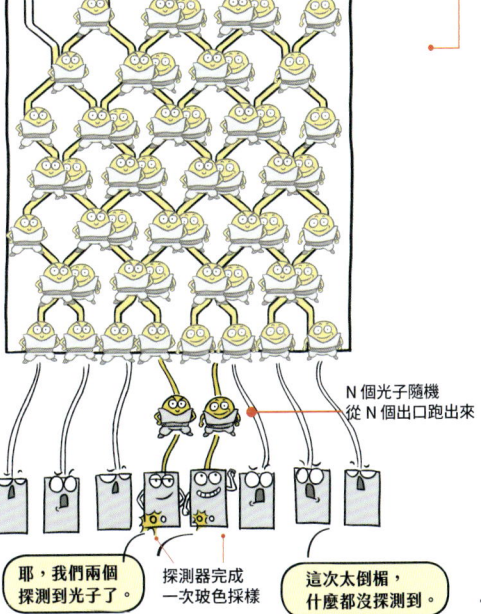

N 個光子隨機從 N 個出口跑出來

耶，我們兩個探測到光子了。

探測器完成一次玻色採樣

這次太倒楣，什麼都沒探測到。

195

阿倫森和阿爾希波夫證明，用傳統電腦解決這個量子問題，採樣的時間會非常長。如果一共有 N 個光子參與實驗，傳統電腦的採樣時間，就會呈 $N^2 \times 2^N$ 的規律增加，比直接做玻色採樣實驗慢得多。

玻色採樣比賽

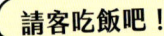

請客吃飯吧！

恭喜你獲得光量子電腦稱號。

你不服氣？那我們就比一比！

喂，你憑什麼叫光量子電腦？

如果量子光學實驗設計的合理，肯定比傳統電腦的速度快。所以，這個實驗裝置本身，可以被稱為是一種**光量子電腦**。它「計算」的內容，正是對輸出光子的分佈進行採樣。

第十一章

> 如果光子的數量達到 50 個，
> 在傳統電腦看來
> 運算量就會增加到 3 百億億次！
> 都不可能很快完成一次玻色採樣，
> 只能直接在裝置上做實驗。
> 這就是一種**「量子優越性」**。

玻色採樣比賽

大哥，快來救我啊！

老弟，還是認輸吧，你大哥我也不一定打得過啊！

197

奇妙量子世界：人人都能看懂的量子科學漫畫

實驗裝置說起來容易，但實現起來卻十分困難。

比如，怎樣才能乾淨俐落地產生單個光子？

怎樣讓產生的光子不可區分？怎樣才能降低玻色採樣的損耗？

2017年5月，這些難題被中國科學技術大學潘建偉、陸朝陽研究組解決了。

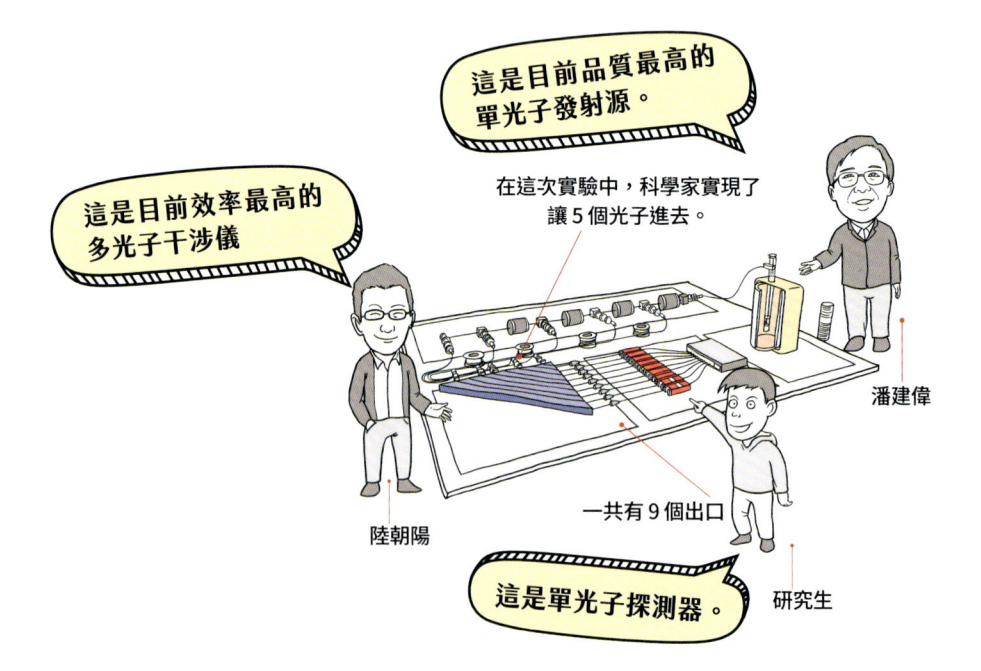

這是目前效率最高的多光子干涉儀

這是目前品質最高的單光子發射源。

在這次實驗中，科學家實現了讓5個光子進去。

一共有9個出口

這是單光子探測器。

陸朝陽

潘建偉

研究生

第十一章

如果利用這個裝置
對 3 個光子進行玻色採樣，
採集一個樣本只需要 0.2 毫秒。

同樣的任務，
如果由世界上第一台傳統電腦
ENIAC 透過計算完成，
則至少需要 44 毫秒。

可以說，
在這個特定的任務上，
量子電腦獲得了勝利。
跟國際上其他同行類似的實驗相比，
這個速度也快了 2 萬 4 千倍。

玻色採樣比賽授獎儀式

第一名非我莫屬。

我怎麼會輸給他！

光量子計算機

我是來打醬油的。

1　2　3

注：《自然·光子學》匿名審稿人稱之為「量子 ENIAC」，阿倫森稱之為「激動人心的實驗進步」，這標誌著量子運算領域開始從發 paper 灌水跨越到真正同台競技了。

不過，
目前這個裝置，
只嘗試了 5 個光子的實驗。
若想秒殺超級電腦，
開展 50 個光子的實驗，
科學家還需要努力。

況且，
玻色採樣裝置，
只能做玻色採樣，
無法執行其他運算任務，
是一種非通用的量子電腦。

做實驗太辛苦，偶爾也要放鬆一下！

老師，小心那隻烏龜！

要想玩超級馬力歐，還是得靠通用電腦。

科學家不是只喜歡科學嗎？怎麼也愛玩遊戲啊！

第十一章

不過，造出玻色採樣裝置，也為製造通用量子電腦掃清了重要的技術障礙。因為高品質單光子源、高效率干涉儀，都是它通用的最核心部件。

除了光學裝置之外，科學家還借助很多方法，嘗試實現量子運算，例如**離子阱、核磁共振、量子點、核自旋和超導**等。

2017年3月，朱曉波、王浩華和陸朝陽、潘建偉合作，利用超導的方法，製作了一個量子電腦，還讓10個量子位元形成了量子糾纏。

壓制雜訊

趕超老美！

微波驅動

潘建偉

陸朝陽

王浩華

朱曉波

10量子位元的超導量子電腦

我刻，我刻，我刻刻刻～

201

奇妙量子世界：人人都能看懂的量子科學漫畫

在這個超導量子電腦中，電磁波有兩種能量不同狀態。一種狀態表示位元 0，一種狀態表示位元 1。

根據量子力學的原理，超導電路可以處於既是 0 又是 1 的疊加狀態，這就是傳說中的**量子位元**。

量子位元的狀態疊加，類似於經典物理學中波的疊加。

我既聽到了小提琴的聲音，又聽到了鋼琴的聲音。

媽呀，量子位元真的能同時處於 0 和 1 的狀態啊！

位元 0

位元 1

0 和 1 的疊加態

第十一章

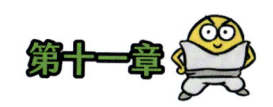

量子電腦的優勢是，當它有 N 個量子位元時，由於狀態相互疊加，它最多可以同時處理 2^N 個狀態！

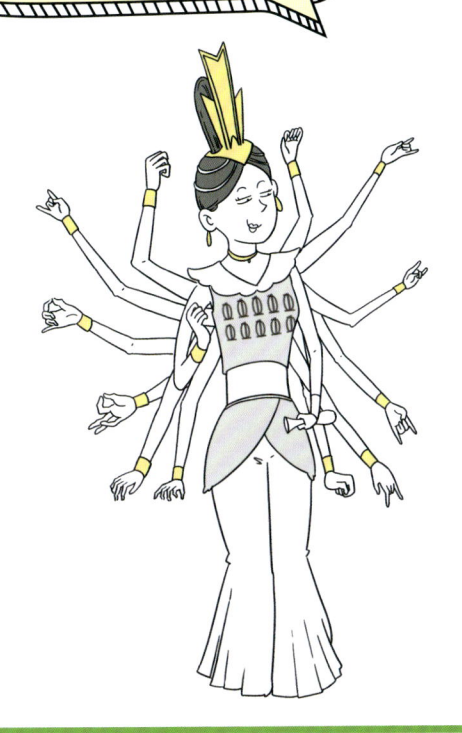

當我有 10 個量子位元時，可以同時處理 1024 個狀態。

甘拜下風！如果我有 10 個位元，只能同時處理 10 個狀態。

不過，量子位元越多，製造難度就越大。在此之前，科學家在超導量子運算中，只能完全操控 9 個量子位元。

在這個超導量子電腦中，中國科學家做到了讓 10 個量子位元形成了最大程度的糾纏態。

203

奇妙量子世界：人人都能看懂的量子科學漫畫

如果 10 個量子位元完全沒有糾纏，它們的波函數塌縮結果就完全沒有關聯。

給你們每人發一個骰子，你們自己去玩。

如果 10 個量子位元形成了最大程度的糾纏，它們的波函數塌縮結果就完全相關。

看好了，大家一起行動。我投出來奇數，你們 10 個就都塌縮成 1；我投出來偶數，你們 10 個就都塌縮成 0。

好！我們要一致行動。

注：這就是量子位元的 GHZ 態。

第十一章

一個電腦的運算過程，
就是操縱位元的過程。
讓 10 個量子位元產生糾纏，
說明中國科學家
能夠完全操控這 10 個量子位元。

第一小提琴手的感情再豐富些！

這兩個量子電腦的成果，
讓中國科學家們
在通往更高級的量子運算的路上，
邁出了重要的、不可或缺的一步。

在未來，
要想用上實用的量子電腦，
我們還有很多路要走。
期待那一天早日到來！

奇妙量子世界：人人都能看懂的量子科學漫畫

刷爆朋友圈的量子糾纏態，你動動滑鼠就能做出來
第十二章

第十二章

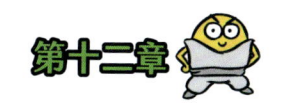

2018年3月有一篇在《張楊導演，我愛你》這篇文章中，作者「小二姐」用物理學中的「量子糾纏」的概念，比喻了她和導演張楊之間的糾葛。她在文章中這樣寫道（見左下圖）：

> 科學研究說，世界上，有量子糾纏這個說法，從我出生起，我便開始與你有了糾纏，我們都知道，我們就是前世的夫妻。
>
> 因為相處僅僅只有一個月，卻有極其強烈的信心我們就是對方的彼此。我們聊起小時候時，似乎你在做什麼，我的狀態也會隨著你在變化。我在做什麼時，你的狀態也會隨著我的在變化。

用「量子糾纏」來比喻人和人之間的關係是非常浪漫的，不過，果殼網（中國一家泛科技主題網站）立刻撰文指出了這個比喻可能存在幾個隱患（見右下圖）：

果殼網說的這兩個問題都是客觀存在的。量子糾纏不僅僅可以存在於2個粒子之間，還可以存在於 個粒子甚至組宏觀量子態之間。而且，**量子糾纏不僅僅是理論上的概念，科學家早已在實驗中製造了出來，而且他們還把實驗用的量子電腦連上網，做成了雲服務系統，讓你可以親手操縱它。**

接下來，本書教你用**滑鼠和鍵盤**，在現實世界中製造出一個「三角關係」的宏觀量子糾纏態！

> 立場上，還是必須友情提醒一下，如果你也想效仿這個比喻，那麼它有幾個隱患：
>
> 第一，量子糾纏是微觀粒子之間的關聯，雖然原則上大一些的宏觀物體也不是沒有可能形成糾纏，但基本上幾億億億之一秒內就會解除。這個事情寓意不太好——要是涉及到大人物，感覺糾纏就會馬上維持不住。
>
> 第二，量子糾纏並不限定在2個粒子之間，甚至可以涉及到3個甚至更多的粒子，每一個都會影響到其他粒子。同樣地，雖然每個人心中都有理想愛情，但這件事情對很多人而言也是寓意不太好……

奇妙量子世界：人人都能看懂的量子科學漫畫

中科院量子資訊與量子科技創新研究院和阿里雲聯合發佈了一款雲服務系統，透過這個系統，你可以操縱他們新上線的一台 11 量子位元的超導量子電腦。

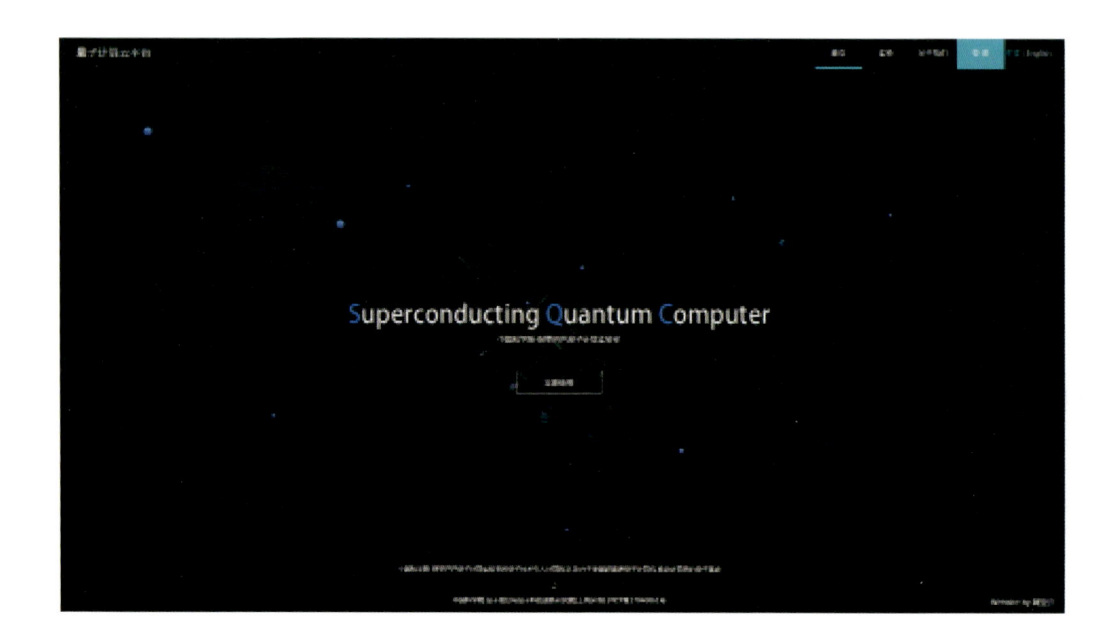

第十二章

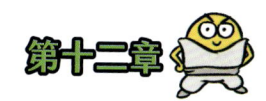

免費註冊帳號之後，任何人都可以訪問這個雲系統，然後按照自己的想法，對其中的 11 個量子位元執行各種計算操作，也就是運行自己的量子運算「程式」。在開始造量子糾纏之前，我們需要對超導量子電腦做一個完整的介紹。

我們先來猜猜看，量子電腦應該長什麼樣？雖然我們都不會製造量子電腦，但是可以推想，量子電腦背後的規律是量子力學，量子力學是描述微觀世界的物理定律，所以，能夠用來造量子電腦的東西，可能是原子、光子、電子這樣的微觀粒子。

那麼問題來了，量子電腦是用幾個原子、光子、電子造的，你買回來敢放家裡嗎？萬一找不到了你怨誰？

209

就算你敢放家裡，你知道怎麼用嗎？原子、光子、電子這些東西誰會操縱？

薛丁格索命！

原子

萬一有一天，你好不容易賺了錢，血拼回來一塊最新版硬體，打算升級一下原有設備，那麼這兩堆原子應該怎樣連起來？

第十二章

這麼一想想,感覺量子電腦就算造出來,我們一般民眾也沒法玩啊。難道科學家就不能造一台長得像電腦的量子電腦嗎?這次雲系統用的量子電腦是用什麼材料做的呢?

看我買回來了一個原子硬件,我們一起裝起來吧!

薛丁格量子糾纏大法!

原子

砰

什麼破東西,再也不玩了。

這下真的不見了。

211

奇妙量子世界：人人都能看懂的量子科學漫畫

> 別著急，我給大家推薦一款用宏觀材料製造、易上手、可擴展的量子電腦——超導量子電腦。

> 這就是超導量子電腦嗎？

> 找到啦！

1　量子電腦居然有電路圖？

超導量子電腦最好玩的地方，就是它真的很像經典電腦的電腦（CPU）。

假如你拆開自己的手機或者電腦，會在電路板上看到什麼？肯定會看到導線、電容、電感、電阻等電子元件。如果你拿顯微鏡查看 CPU 的電路，還能看到二極管、三極管。

同樣的道理，如果你拆開超導量子電腦，就會看到類似下頁這樣的一個電路圖，這不是別的，正是一個超導量子位元的電路圖。

第十二章

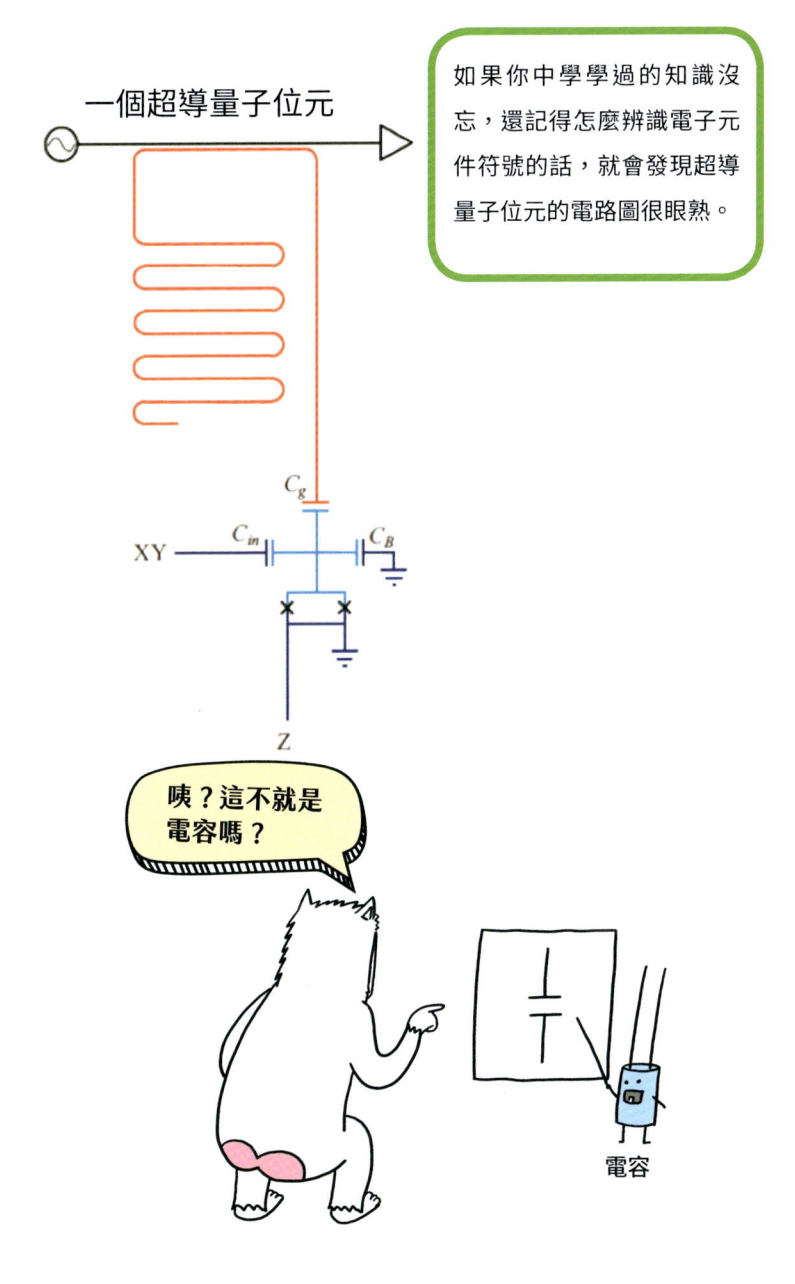

一個超導量子位元

如果你中學學過的知識沒忘，還記得怎麼辨識電子元件符號的話，就會發現超導量子位元的電路圖很眼熟。

C_g

XY C_{in} C_B

Z

咦？這不就是電容嗎？

電容

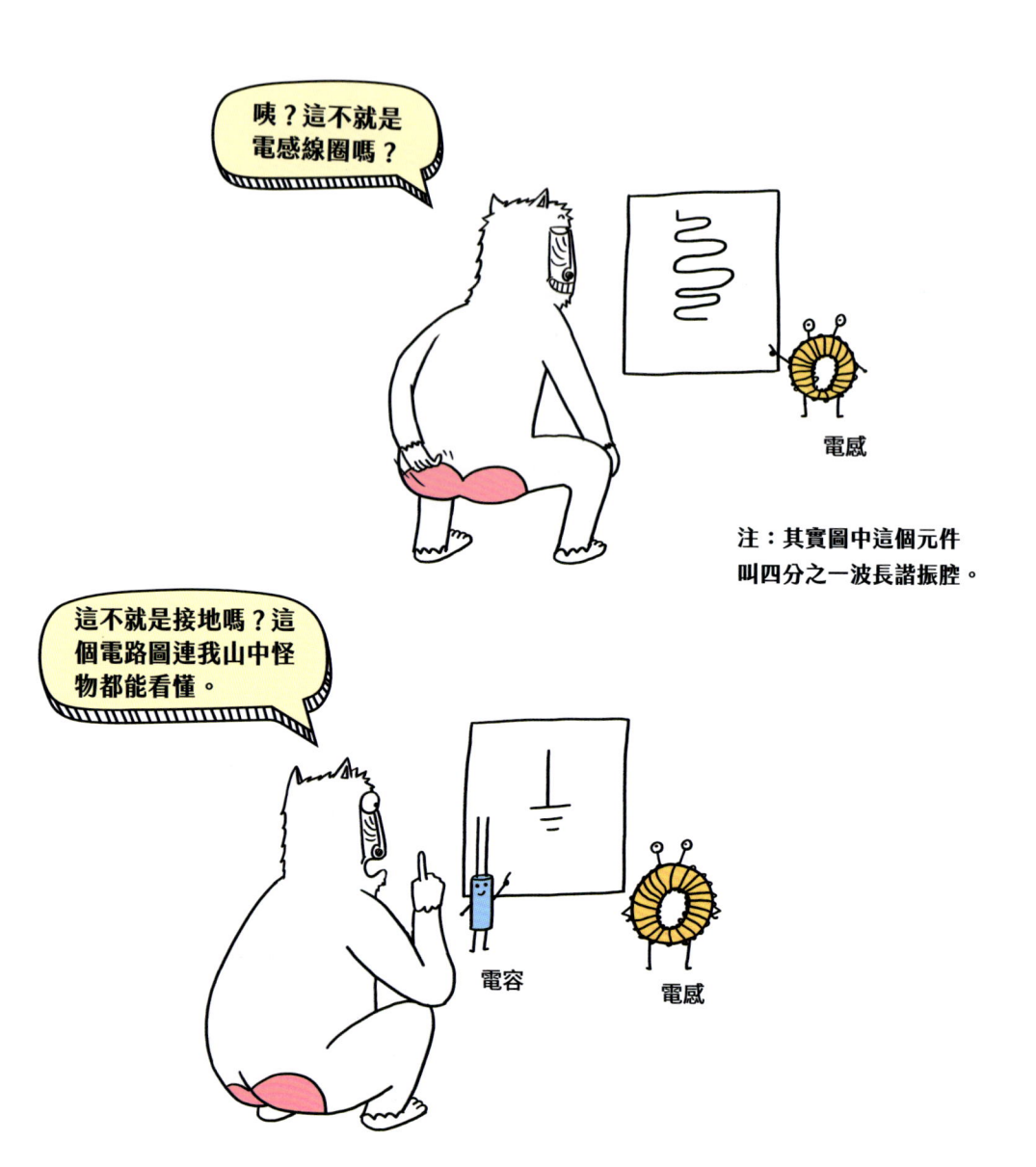

奇妙量子世界：人人都能看懂的量子科學漫畫

咦？這不就是電感線圈嗎？

電感

注：其實圖中這個元件叫四分之一波長諧振腔。

這不就是接地嗎？這個電路圖連我山中怪物都能看懂。

電容　　電感

214

第十二章

這麼簡單的電路就能產生量子位元？答案是肯定的。你有沒有注意到，在這個簡單的電路中，有一個在經典電腦電路圖裡看不到的東西，就是右邊這兩個 ×：

這兩個 × 可不是畫錯了，它就是約瑟夫森結，約瑟夫森憑此獲得了 1973 年諾貝爾物理學獎。正是因為有了這個結，看似不起眼的電路圖才能搖身一變，變成一個量子位元。那麼，它到底是怎麼變的呢？

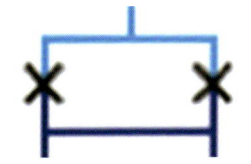

2 有了結，怎麼就成了量子位元？

在經典電腦中，我們用電路中電壓的大小來表示經典位元中的 1 和 0。例如，有的芯片規定，正 12V 電壓表示位元 1，負 12V 表示位元 0。

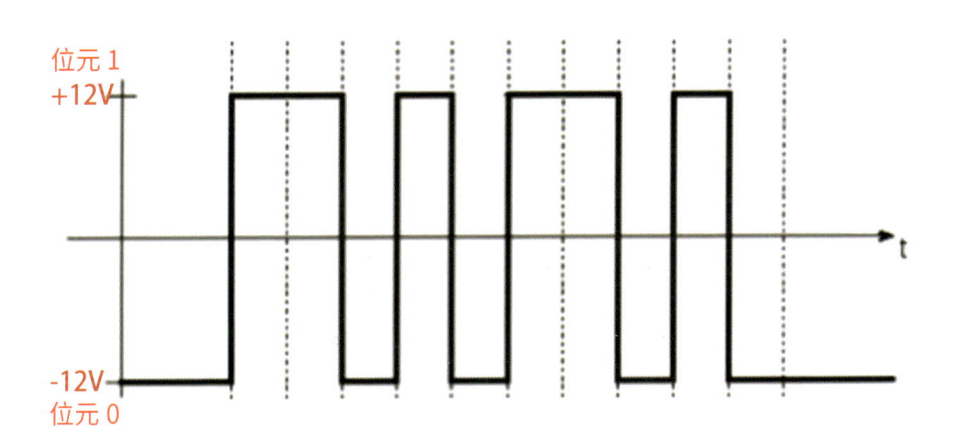

奇妙量子世界：人人都能看懂的量子科學漫畫

> 同樣的道理，如果我們要用電子元件造量子位元，就得想辦法在電路中造出兩個不同的量子狀態來，一個狀態表示 1，一個狀態表示 0。可是，我們平時常用的電容、電感，都是線性元件。用它們搭一個電路，產生的量子狀態可不止兩個，而是一堆均勻的量子狀態。

你們跳上去，給我算一算 1+1 等於幾！

一堆均勻的量子狀態

位元 1　位元 0

> 通上電以後，系統很可能在不同的量子狀態上亂竄，根本控制不了。

男子漢大丈夫！
說不下來，就不下來！

你們幾個「error」
給我下來！

第十二章

而且，只要有電路就會有電阻，一通上電，它就會一邊計算一邊發熱一邊損耗能量。就算開始不亂套，算上一會兒它也會亂了套。

什麼？算了 79 億次還沒算對？

第7952681256次計算結果：
1+1=29rf -&%

你這個笨蛋！還不如我山中怪物數學好！

奇妙量子世界：人人都能看懂的量子科學漫畫

> 在這種情況下，科學家自然會想，有沒有一種**不會發熱、不會損耗能量**的電子元件呢？而且，它還得是**非線性**的，能強行造出兩個特殊的量子狀態用來表示 1 和 0？
> 世界上有一種電子元件滿足這些條件，那就是**約瑟夫森結**。

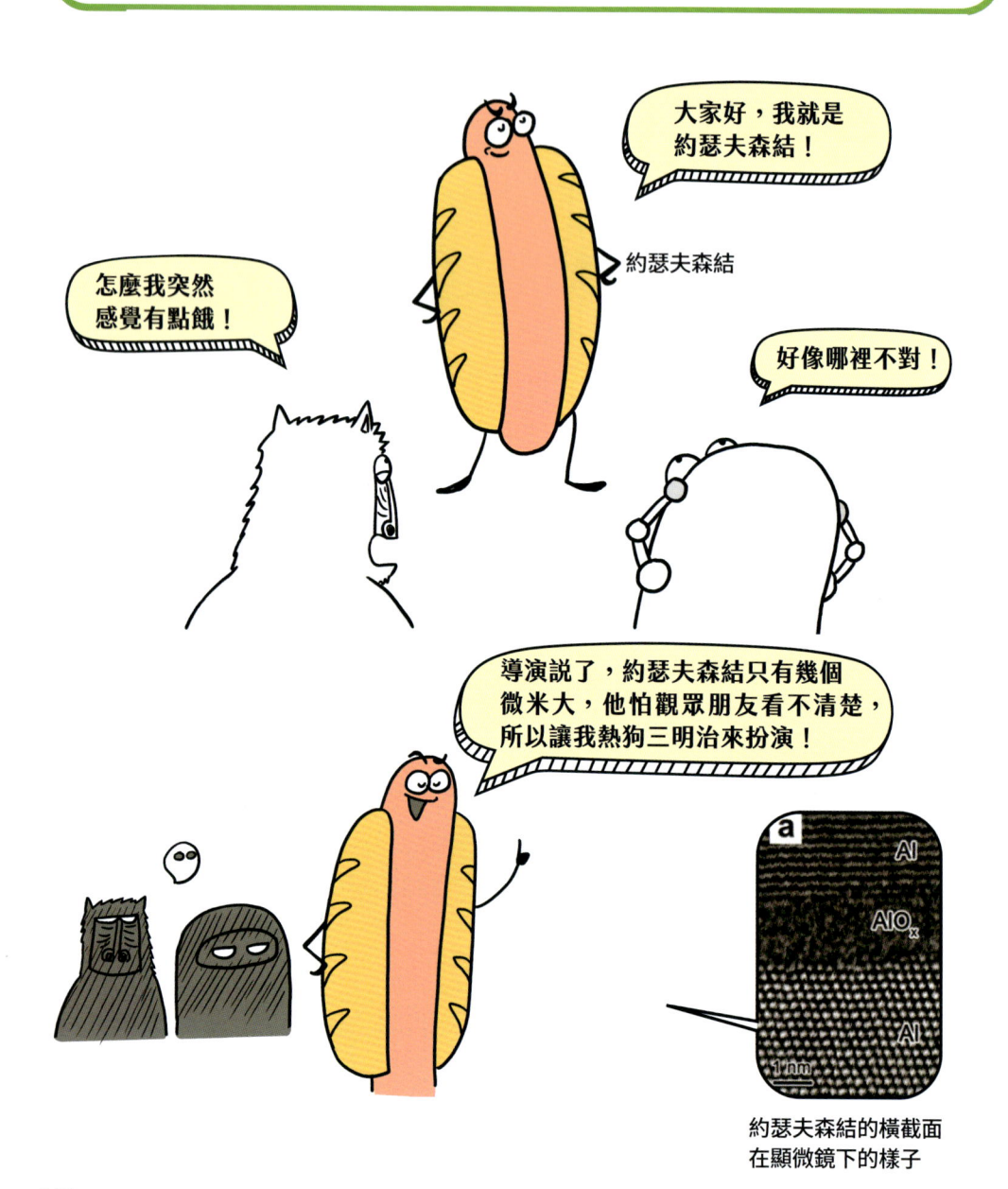

大家好，我就是約瑟夫森結！

約瑟夫森結

怎麼我突然感覺有點餓！

好像哪裡不對！

導演說了，約瑟夫森結只有幾個微米大，他怕觀眾朋友看不清楚，所以讓我熱狗三明治來扮演！

約瑟夫森結的橫截面在顯微鏡下的樣子

218

第十二章

> 約瑟夫森結的結構很簡單,就是在兩個超導體中間加一層薄薄的絕緣體(或者普通導體),比如圖中的鋁氧化鋁—鋁(鋁需要在低溫下才能進入超導狀態)。
>
> 做成這種「三明治」以後,約瑟夫森結就會展現一種奇怪的**非線性**效應。

非線性

線性

> 什麼叫非線性呢?讓我們先來看看線性是怎麼回事。
>
> 如果一個線性導體兩邊沒有電壓,就不會有電流通過。

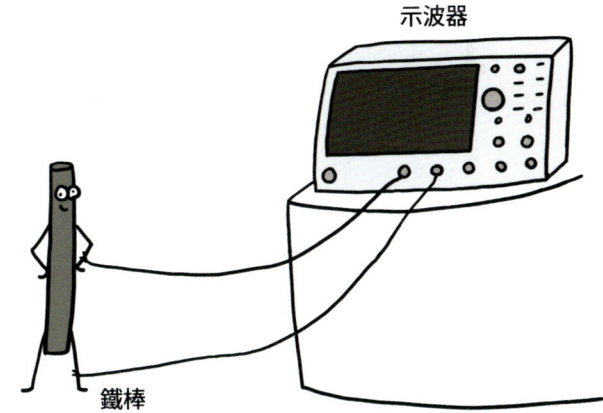

示波器

鐵棒

219

奇妙量子世界：人人都能看懂的量子科學漫畫

如果在導體兩端加上一點電壓，其中就會有電流通過。而且電壓越大，電流也會越大，**這就是導體的線性特點**。

試一試電擊療法！

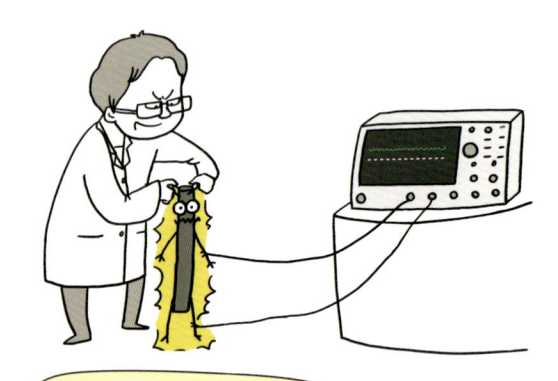

電壓乘以 2，爽不爽！

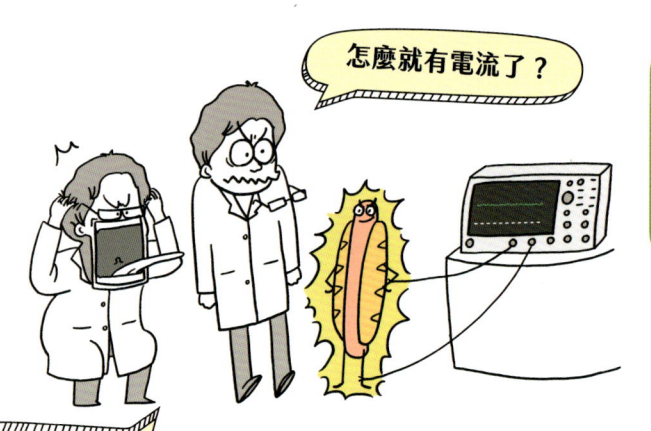

怎麼就有電流了？

約瑟夫森結根本**不按牌理出牌**。你還沒給它加電壓，它就有電流了，而且是一種超導電流。

怎麼回事呢？電療都還沒上！

220

第十二章

好變態！

我喜歡！

不用你們罰刑，我自己就能「懲罰」自己！

當你在它的兩端加上一點兒**電壓**後，它的超導電流不會增大，而是會開始**振盪**。

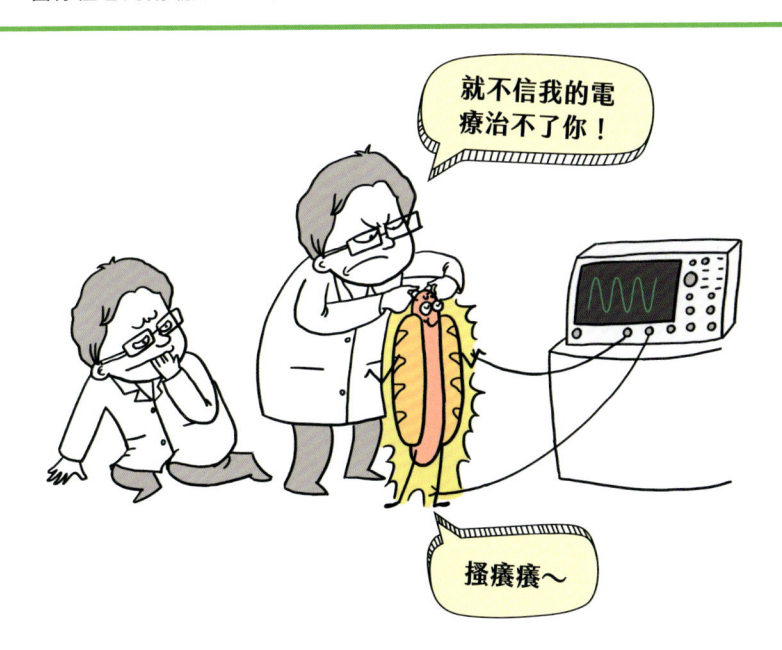

就不信我的電療治不了你！

搔癢癢～

奇妙量子世界：人人都能看懂的量子科學漫畫

你**加大電壓**，它的超導電流既沒有變大，也沒有變小，而是會**改變超導電流振盪的相位**。

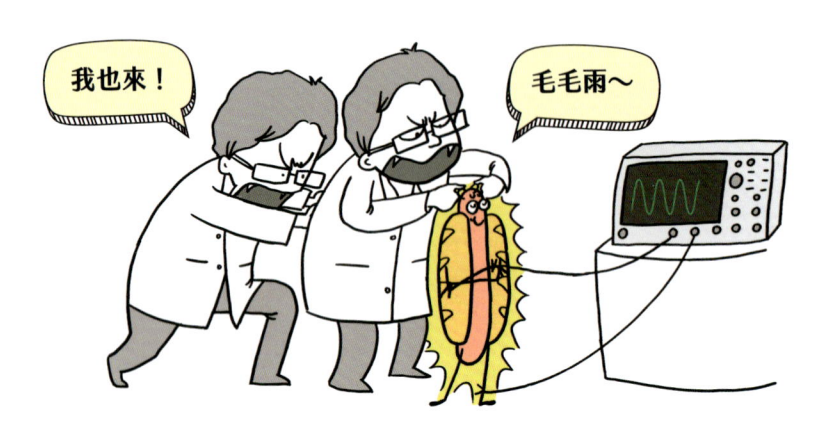

我也來！

毛毛雨～

你看，約瑟夫森結的超導電流根本不理會電壓（在一定電壓範圍內），只是振盪的相位隨著電壓而變化，這就是它的**非線性特點**。

非線性

熱狗大哥厲害！
以後我們就跟你混了！

不是我厲害！是我扮演的約瑟夫森結厲害！

第十二章

在電路中加上約瑟夫森結以後，我們利用它不按牌理出牌的非線性效應，在電路中製造出一組特殊的量子狀態。在這組量子狀態中，有兩個最低能量狀態離得特別近，非常適合用來表示量子位元 1 和 0。

非線性電路產生的不均勻的宏觀量子狀態

位元 1
位元 0

這次我看你們往哪兒跑！

用約瑟夫森結搭建的超導量子電路的狀態，可不是一般的量子狀態，它還有一個朗朗上口的名字，叫作**「宏觀量子狀態」**。在我個人看來，它確實有點兒像〈三體〉作者劉慈欣在另一本科幻小說中描述的**「宏原子」**。這就是它的第一個優點：宏觀（具體細節請看章節注釋）。

並且，作為一個超導電子元件，雖然約瑟夫森結中需要加一層薄薄的絕緣體，但通上電並把溫度降低到絕對零度附近以後，**它既不會發熱，也不會損耗能量**。這是它的第二個優點：不損耗能量。

這可是好東西！這是能做超導量子位元的「約瑟夫森床」！

姑姑，這床好冷啊，這是什麼床？

223

為了實現超導，科學家通常要用稀釋製冷機把它降低到絕對零度之上 0.01k（10mK）左右，在這麼低的溫度下，電路和環境中的雜訊很少，不容易讓計算出錯。這是它的第三個優點：抗干擾。

操縱電路中的超導量子位元可比操縱原子簡單多了，工程師用 **5GHz 的微波**就可以輕鬆搞定，這就是它的第四個優點：易操縱。在量子位元之外加上一個特殊的**振盪電路**，就可以讀取比特的狀態，這就是它的第五個優點：易讀取。把幾個量子位元用超導電容連起來，這幾個量子位元就可以發生**量子糾纏**，這就是它的第六個優點：易規模化。

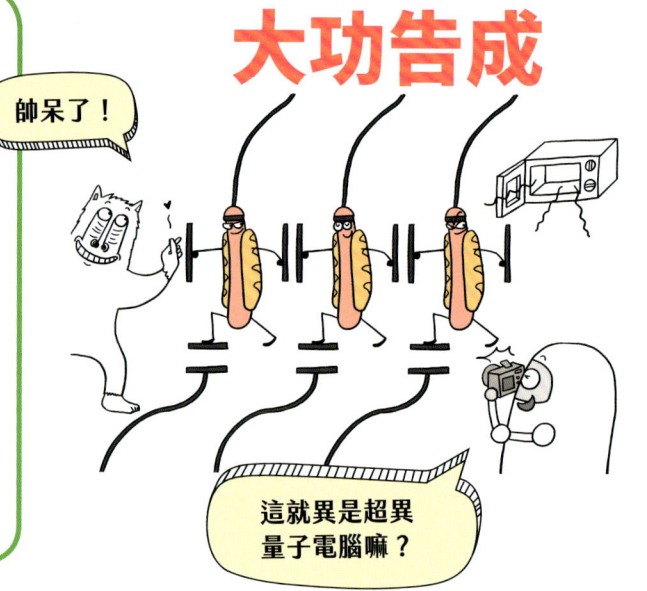

大功告成

帥呆了！

這就異是超異量子電腦嘛？

第十二章

3 11 量子位元的超導量子電腦

當然,真正的 11 量子位元超導量子電腦不可能是熱狗三明治做的。它使用的超導材料是鋁,襯底是藍寶石(氧化鋁),約瑟夫森結採用的是鋁-氧化鋁-鋁結構。

由於需要在絕對零度附近才能正常工作,平時這個電腦晶片都關在稀釋製冷機中。如果你去實驗室參觀,只能看到這個:

稀釋製冷機

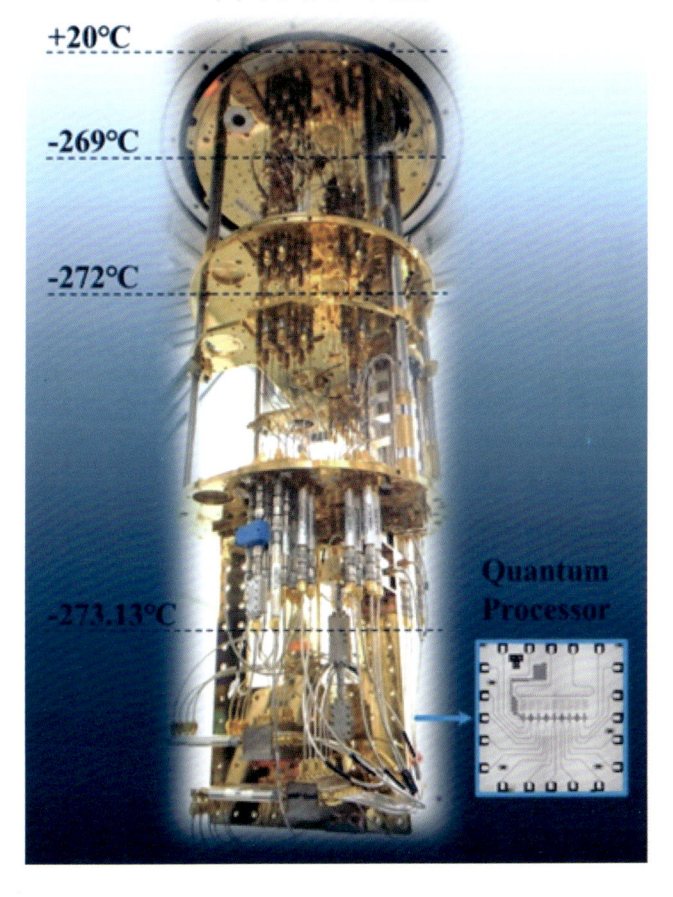

+20°C
−269°C
−272°C
−273.13°C

Quantum Processor

奇妙量子世界：人人都能看懂的量子科學漫畫

> 如果你把晶片拿出來，放在顯微鏡底下，你會看到這個：

> 是不是有些不太明白？其實很好理解。我們來看看它的樣品圖。

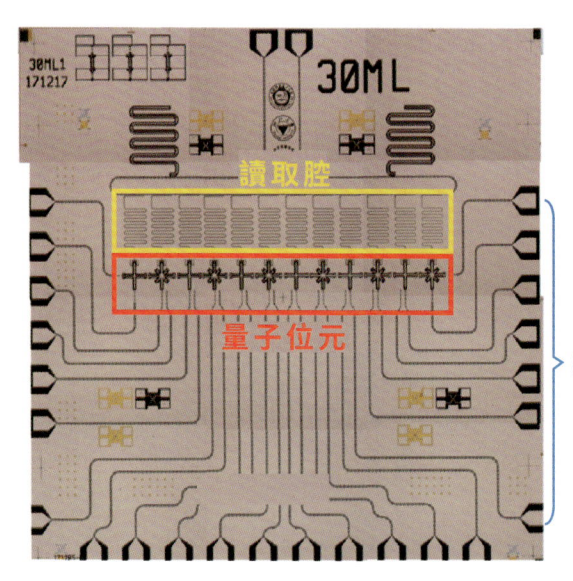

注：樣品上共有 12 個量子位元，此次上線的只是其中的 11 個量子位元。

226

第十二章

一個超導量子位元

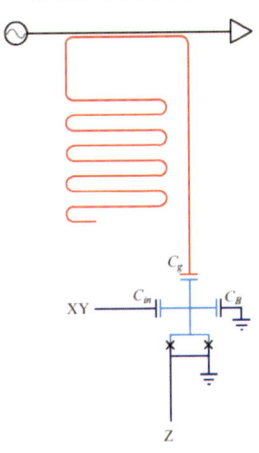

在上頁那個樣品圖中，十字形或星形符號就表示一個量子位元。它的真面目就是我們剛才提到的，用約瑟夫森結加上超導電容構成的超導量子位元。

超導量子電腦雖然在實驗室的稀釋製冷機裡凍著，但是你可以**登錄雲端服務系統，註冊一個帳號，然後搭建自己的量子線路**。它可以實現單位元操作、雙位元操作和多位元讀取等多種操作組合。

4　零基礎教你製作「三角關係」量子糾纏

那麼，這個雲服務系統應該怎麼玩呢？跟經典電腦中的程式設計不同，你需要直接用一組「量子門」搭建一條線路，讓其中的量子位元從 0 出發，經過一系列「門」之後，達到你想要的狀態（一系列 0 和 1 的疊加態），然後再去測量它。

比方說，我們要讓 **3 個量子位元**（例如，Q4、Q5 和 Q6），經過一組「量子門」之後，變成一種特殊的**量子糾纏態**。

此時，如果你測量這個量子糾纏態，就會發現，**如果一個量子位元的測量結果是 0，那麼另外兩個的測量結果也必然是 0；如果一個量子位元的結果等於 1，那麼另外兩個也必然等於 1**。這就說明 3 個量子位元之間產生了量子糾纏：任何一個量子位元的測量結果都不再是獨立的了，而是跟另外兩個量子位元的結果強烈相關。在物理學中，這種狀態有個專門的名字，剛好由 3 個科學家的名字命名，叫作 GHZ（Greenberger–Horne–Zeilinger）態。

如何才能讓量子位元變成這樣的狀態呢？在實際的運行中，所謂讓量子位元通過一個「量子門」，都是透過向電路中輸入微波（或圓滑的方波）實現的。從物理學上來看，我們能進行的「量子門」操作比較有限。不過從理論上說，如果你足夠有技巧，借助這幾組有限的「量子門」操作，是可以演示世界上絕大部分的基礎量子運算演算法的。

在我們的例子中，為了製備 GHZ 態，你只需要登錄雲服務系統，選擇右上角的**「新建實驗」**，給你的實驗取個名字，並選擇**「使用真實量子晶片運行」**。

第十二章

然後按照下的順序，分別將**左上角的幾個「量子門」拖動到線路的相應位置上，把 Y/2、-Y/2、CZ** 和測量這 4 種「量子門」用滑鼠拖下來，形成下 的分佈就可以啦。此時，你按下右上角的「運行」，再輸入實驗的運行次數（例如，最少 9000 次），並按一下「確定」。

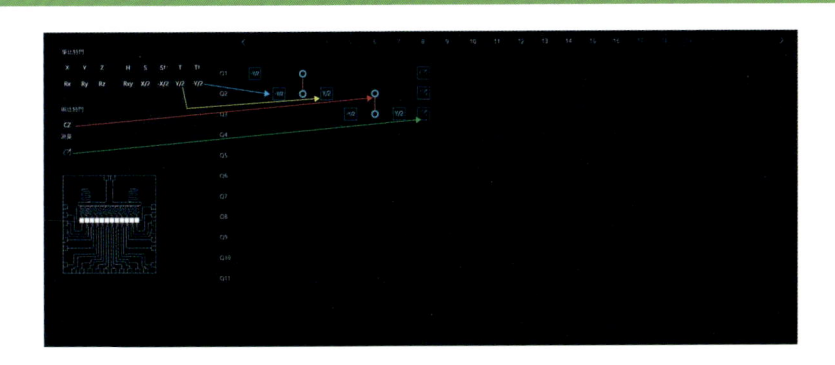

過一會兒，你就會看到自己提交的線路目前排第幾名。

229

> 當你排到第 1 名之後，雲系統很快會運行你的量子線路，然後把幾千次運行結果的統計分佈顯示出來。

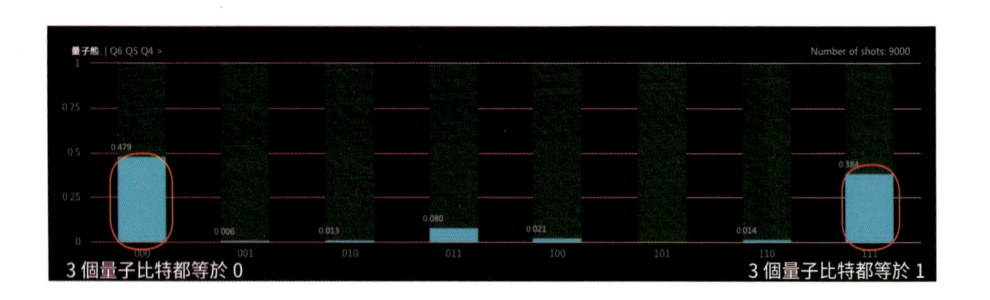

根據我們之前的討論，如果對理想的 GHZ 態進行測量，3 個位元都是 0 的結果和都是 1 的結果應該各占 50%。在上圖顯示的計算結果中，我們的測量結果分別是 47.9%（最左邊的藍色柱子）和 38.4%（最右邊的藍色柱子）。因此我們粗略估計，這款量子電腦製備的 GHZ 態的保真度是 86%，已經達到了國際前沿水準。

同時，這張也說明，**你以 86% 的保真度製造出了幾千個「三角關係」的宏觀量子狀態。** 在這個「三角關係」中，圖 3 組宏觀量子位元彷彿心有靈犀，「如果一個變成 0，另外兩個也變成 0；如果一個變成 1，另外兩個也變成 1」。

中科院量子資訊與量子科技創新研究院和阿里雲讓大家試用這款量子電腦，不是為了讓大家探究「三角關係」。他們一方面是為了讓大家能夠體驗量子運算是怎麼回事；另一方面，也希望通過大家一起玩，看看量子運算硬體存在哪些優勢，運行起來穩定不穩定。他們會不斷努力，提升量子運算硬體的性能，擴展位元數目。期待著終有一天，為大家提供具有實用價值的量子科技雲服務。

第十二章

注釋：

1. 為什麼約瑟夫森結接入電路後，整個電路形成的是一個量子狀態？這是因為，經過特殊設計的超導量子位元電路，雖然是一個宏觀物體，但它仍然可以像微觀粒子一樣，形成量子的「疊加態」。例如，某些應用了約瑟夫森結的電路，可以處於擁有「順時針電流」和「逆時針電流」的量子疊加態；某些則處於擁有「1 個庫柏對」和「0 個庫柏對」的量子疊加態（庫柏對是兩個電子結合成的一種準粒子）。這是一般的宏觀物體不可能展現的，通常只有微觀粒子能展現的量子現象。

2. 超導量子位元的「宏觀」不僅僅體現在它的體積大、粒子多。透過調節宏觀世界中的物理量（例如，磁場、電壓等），我們可以直接影響量子位元的性質。這跟微觀世界中的量子位元可不一樣。微觀世界的量子位元通常是由基本粒子的性質決定的，你沒法讓原子變大變小，也沒法讓一個粒子的帶電量變多變少。

3. 這條注釋寫給學過線性代數的同學：如果你把滑鼠指標放在這個雲服務系統的量子門上，就會看到一個矩陣。例如，CZ 門就是一個形如 diag{1,1,1,-1} 的對角矩陣。實際上，一個量子位元經過「量子門」的過程，就相當於把一個矩陣作用在量子位元對應的狀態向量上。在程式開始運行之前，所有的量子位元的初始狀態都是 (1，0)，其中 1 表示第一個單位向量的係數等於 1，0 表示第二個單位向量的係數等於 0。第一個單位向量代表位元 0，第二個單位向量代表位元 1。我們要做的量子計算，就是從量子位元的初始狀態出發，透過「量子門」的操作（也就是在某個量子位元前面乘以相應的矩陣），得到我們想要的結果（例如 3 個量子位元的量子糾纏態）。

參考文獻：

1. Devoret M H, Wallraff A, Martinis J M. Superconducting qubits: A short review[J]. arXiv preprint cond-mat/0411174, 2004.
2. Bader S J. Higher levels of the transmon qubit[D]. Massachusetts Institute of Technology, 2014.
3. Barends R, Kelly J, Megrant A, et al. Coherent Josephson qubit suitable for scalable quantum integrated circuits[J]. Physical review letters, 2013, 111(8): 080502.
4. 于揚. 約瑟夫森器件中的宏觀量子現象及超導量子計算 [J]. 物理, 2005, 34(08): 578-582.
5. 毛廣豐, 于揚. 基於約瑟夫森器件的超導量子位元 [J]. 物理學進展, 2007,26(1):34-42.
6. 游建強, 基於超導量子器件的量子計算 [J]. 物理, 2010, 39(12): 810-815.
7. Zeng L, Tran D T, Tai C W, et al. Atomic structure of the ultrathin amorphous aluminium oxide barrier in Al/AlOx/Al Josephson junctions[C]//European Microscopy Congress 2016: Proceedings. Weinheim, Germany: Wiley‐VCH Verlag, 2016: 696-697.

第十三章

整體思維怎麼「整」？量子運算有妙用

第十三章

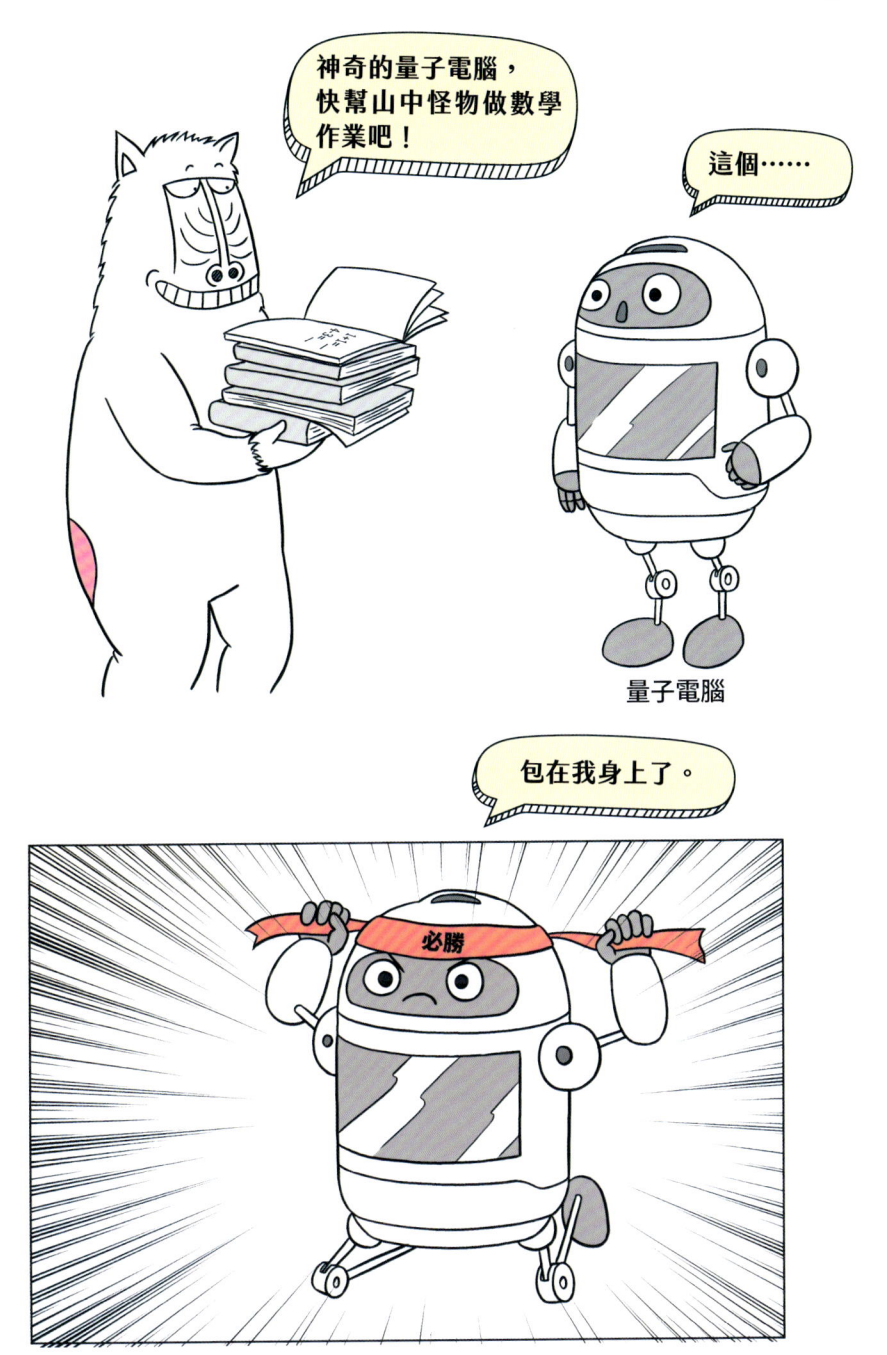

奇妙量子世界：人人都能看懂的量子科學漫畫

0.0000000001秒之後……

這麼快？？？
不愧是量子電腦啊！

做完啦！

1+1 怎麼會等於 9？

1+1 = 9
4-3 = 8

第十三章

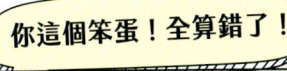

1 量子運算有個難題

> 大部分量子電腦的設計方案都有一個搞不定的難題。

　　不論你把量子電腦放在多「安靜」的地方,它周圍的環境還是很容易干擾量子計算,導致運算出錯。

　　想想看,物理學家常常讓 1 個粒子攜帶 1 個量子位元,而我們周圍的環境動不動就有 10^{23} 個粒子,隨便讓其中一個粒子撞一下,量子運算可能就出錯了。就算將粒子周圍的環境抽成真空,再降低到絕對零度附近,環境裡還是會有大量的粒子,它們想要干擾 1 個粒子的運動可是太容易了。於是,量子位元只要稍微受到一點兒干擾,整個運算就會出錯了。

> 吵死了,根本沒法靜下心來做運算!

第十三章

哈哈哈哈哈哈！
我還當量子電腦是高科技呢，
原來連小學數學題都算不對，
還這麼理直氣壯！

你懂什麼？解決出錯的辦法也有，比如說，利用拓撲量子計算。

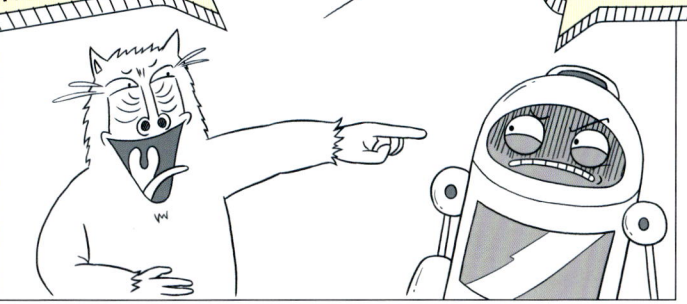

什麼樸？

拓撲

237

2 拓撲學家有辦法,「整體思考」來一發

拓撲學是數學的一個分支,特別講究「整體思考」。很多不瞭解科學的人認為,現代科學只有分析思考,比不上傳統智慧中的整體思維。其實,科學之中也有「整體思考」,拓撲學就是其中的一個代表。

簡單地說,拓撲學就是數洞洞!

比方說,有一個麵包圈,還有一個咖啡杯。你說它們兩個長得一樣不一樣?

不一樣。

一樣。

因為它們都只有一個洞。

你這是耍賴皮。

拓撲學家證明:咖啡杯＝甜甜圈

第十三章

拓撲學家根本不關心一個東西的形狀到底是方的還是圓的，是軟的還是硬的，是粗糙的還是光滑的。他們總是關心一件事：**這個東西上面到底有幾個洞？**

啊~五環
你比四環多一環~

比如，小嶽嶽就是「著名的拓撲學家」。

0：。oo00QqdD
1：iltywscxnm

那麼，拓撲學為什麼能讓量子運算不算錯呢？打個比方大家就明白了。

如果讓拓撲學家用一堆字元編碼資訊，他就會把像「。oo00QqdD」這樣的中間**有一個洞**的字元，全部表示**位元 0**；把像「iltywscxnm」這樣的一個洞**也沒有的**字元，全部表示**位元 1**。

這個時候，就算找一個不認識字母的人來抄寫字母，把所有的字母形狀全部抄錯了，只要**整體上沒有錯**，把有洞的抄成有洞的，沒洞的抄成沒洞的，整段由拓撲學家編碼的資訊**就不會真正出錯**。

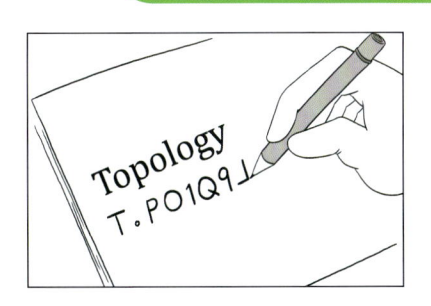

Topology
T。PO1Q9

239

奇妙量子世界：人人都能看懂的量子科學漫畫

把拓撲學這樣的整體思考應用到量子計算中，就是傳說中不怕干擾，還能實現量子糾錯功能的：拓撲量子計算。

拓撲量子計算！

3 中國科學家用超冷銣原子部分地類比拓撲量子運算

原子排列成了甜甜圈的形狀

Kitaev

根據拓撲量子運算創始人 Kitaev 的理論，要想實踐整體思維，其中一種方法，是將原子連成一個甜甜圈的形撞，而連接原子的是一種「四體相互作用」。

說起來容易，整體思維到底怎麼整？

240

第十三章

> 2017 年，中國科學技術大學的潘建偉教授及其同事苑震生、陳宇翱等，在極低的溫度下，首次透過量子調控的方法，讓 800 個銣原子 4 個 4 個糾纏在了一起，讓它們**直接產生了四體相互作用，部分地模類比了 Kitaev 的甜甜圈模型。**

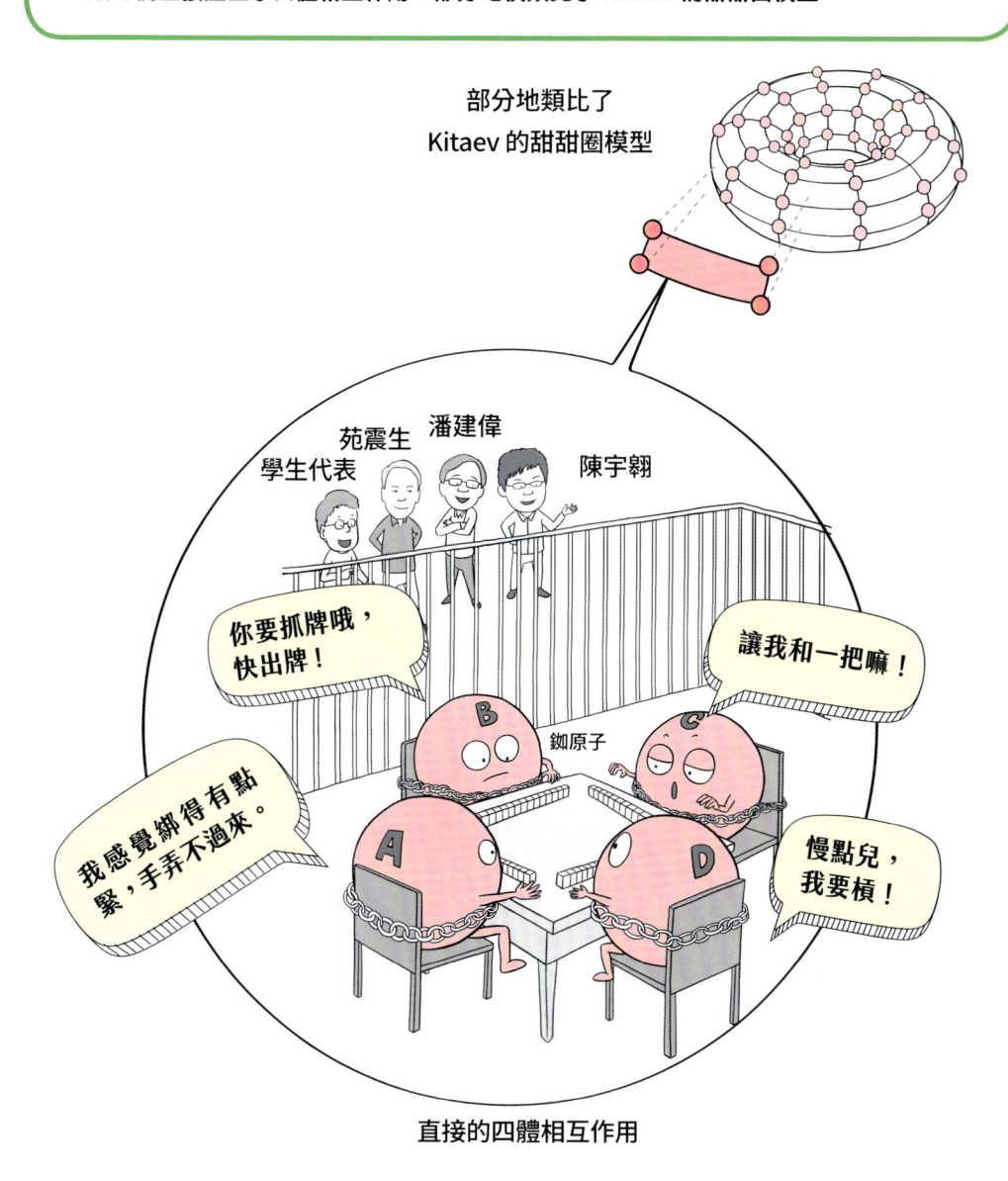

部分地類比了
Kitaev 的甜甜圈模型

學生代表　苑震生　潘建偉　陳宇翱

銣原子

你要抓牌哦，快出牌！

讓我和一把嘛！

我感覺鄰得有點緊，手弄不過來。

慢點兒，我要槓！

直接的四體相互作用

241

所謂拓撲量子計算，就是要靠銣原子的**整體量子狀態做計算**。

根據 Kitaev 的計算，銣原子間產生這種特殊的「四體相互作用」，如果不只存在鄰近的一桌原子之間，而是數量非常龐大（這要期待將來的實驗實現），遍佈甜甜圈表面陣列中所有相鄰的 4 個原子之間，它們的整體狀態就會非常穩定，根本不怕一般的干擾。於是，用這種方法實現的拓撲量子計算，很難隨隨便便產生錯誤。

這將會**解決量子運算的難題：怕干擾**。

> 大哥，這桌子怎麼晃得那麼厲害哦？
>
> 慌什麼慌？牌不是還沒倒嗎？繼續打。
>
> 我的拓撲量子運算模型根本不怕一般的干擾，除非能量特別高。

（美編：電鑽、廣場舞、錘子和電鋸就是我生活中的四大痛點。）

直接的四體相互作用遍佈甜甜圈表面陣列中
所有鄰近的原子間，
畫面中的空隙處也應該填滿麻將桌，
但該畫面未能表現。

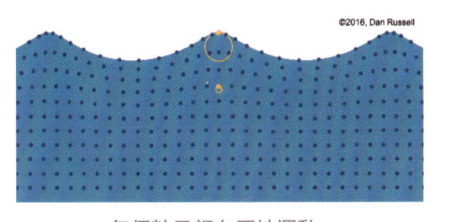

每個粒子都在原地運動，
其整體效果像是掀起了向前傳播的海浪，
所以，海浪可以比作一種「準粒子」。

在拓撲量子計算中，Kitaev 還提出，當 4 個粒子產生四體相互作用時，它們的整體運動狀態就可以描述成一種新型的虛擬粒子。這種虛擬粒子就像海浪一樣，是多個粒子一起協同運動時的整體效果。它看起來像一個粒子，但又不是真實存在的粒子，所以，物理學家管它叫**準粒子**。

第十三章

而且，這種準粒子可不是一般的準粒子，它們還**有一種不正常的統計特性**。為了弄清楚什麼叫不正常，讓我們先看一下什麼叫正常：如果一個正常的粒子，繞著另一個正常的粒子轉一圈，整個系統不會發生任何變化。

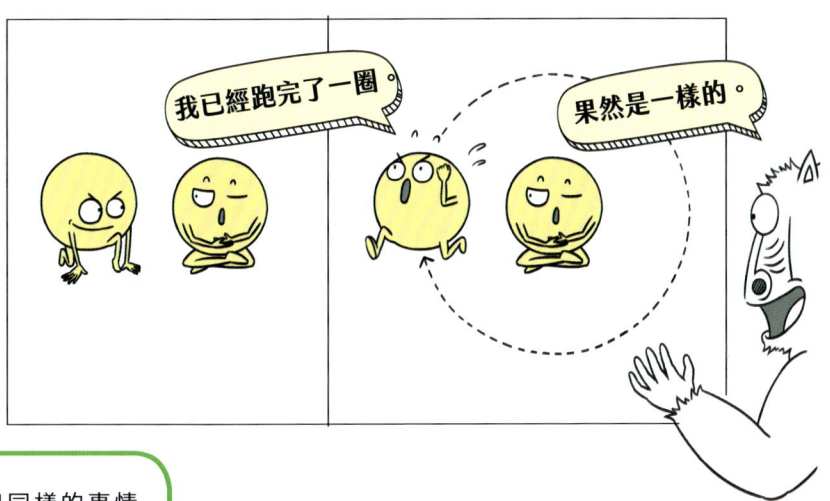

轉圈前　　　　　　　轉圈後

> 我已經跑完了一圈。

> 果然是一樣的。

但同樣的事情遇上這種**不正常的準粒子**，就變得**麻煩 N 倍**：一個不正常的粒子，必須繞著另外一個不正常的粒子轉 N 圈，整個系統才會回到最初的模樣。

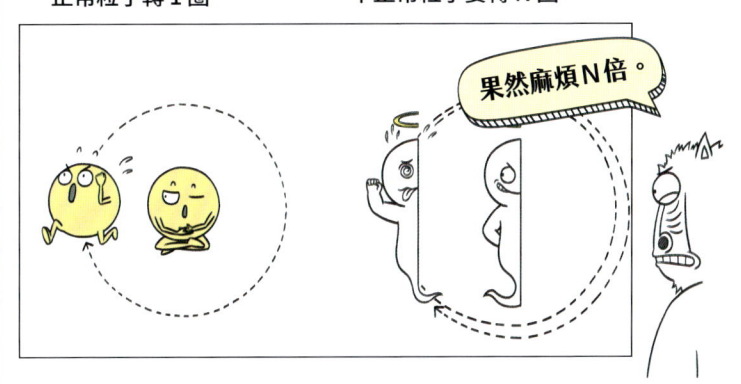

正常粒子轉 1 圈　　　　不正常粒子要轉 N 圈

> 果然麻煩 N 倍。

這個道理很好理解，一個粒子轉 1 圈，
就等於「半個粒子」轉 2 圈，
也等於「N 分之一個粒子」轉 N 圈。

243

這就好比把一個正常的粒子的**統計特性平均分成了 N 份**，不正常的粒子轉 N 圈，才相當於正常的粒子轉一圈。

實際上，這個 N 既可以等於 2、3、4、5 等整數，也可以等於 -1.42857、3.1415926、6.02×10^{23} 等**任意實數**。所以，這樣的粒子叫作**任意子**。

第十三章

在 Kitaev 模型提出 20 年後，中國物理學家終於在這次的超冷銣原子實驗中，第一次觀察到了他預言的**任意子的統計現象**（這次實驗中的 N=2），給出了這種準粒子統計特性的最直接的實驗證明，為研究這種準粒子的拓撲性質提供了新的實驗平臺和手段。

這次實驗的論文發表在了《自然·物理》雜誌上。

> 有了準粒子，就能算得準！

Kitaev 理論還有很多有待實現的設想。比如，在他的甜甜圈模型裡，**任意子可以用來進行「量子糾錯」**。也就是說，就算拓撲量子電腦算到一半兒出錯了，也沒有關係，最後我們還能糾正過來。於是，物理學家還需要進一步完善實驗方案，才能在將來完整地實現全部設想（詳情見結尾的注釋），最終讓拓撲量子運算變成現實。

> 哇，拓撲量子電腦太好啦！我要把它偷過來，替我做作業！

> 喂喂喂！你這作業隨便找個小學生做不就完了嘛！

奇妙量子世界：人人都能看懂的量子科學漫畫

注釋：

1. Kitaev 拓撲量子計算模型叫作 toric code 模型，其中的 toric 就是甜甜圈的意思。它的一個典型特徵是，由於四體相互作用，粒子構成的二維陣列形成了 4 個能量最低的整體狀態（基態）。要想從這 4 個狀態出發，將粒子陣列整體激發到別的狀態（激發態），就需要較高的能量。

2. 這就好比修了一幢大樓，一樓有 4 個房間（用於量子計算），二樓的高度相當於其他大樓的 100 樓（二樓相當於量子運算出錯的狀態）。如果你讓粒子構成的整體狀態待在一樓做量子運算，就算有人帶著能量來打擾，它們也不容易隨隨便便就跑到二樓（相當於其他大樓的 100 樓的高度）去。

3. 這種在一般的干擾下保持不變的特性，有點兒像在拓撲學中，一個物體外形的連續變化不會影響它本身有幾個洞。所以，這種量子計算就叫作拓撲量子運算，拓撲在這裡是一種比喻。

4. Kitaev 模型的相互作用包含兩部分，一是 4 個原子自旋角動量在 x 方向的四體相互作用，二是它們在 z 方向的四體相互作用。本文介紹的實驗實現的是 x 方向的四體相互作用。這是由實驗設計的數學細節決定的。要想同時實現兩種四體相互作用，可能還要重新設計新的實驗。

5. 為何漫畫裡打麻將的 4 個原子被綁在椅子上，周圍還有牆呢？這是為了阻止它們隨便「互換座位」，也就是不得發生「兩體相互作用」。Kitaev 模型中原子的實際的情況也是這樣的，如右圖所示。

6. 任意子不可能存在於三維空間中，它只可能存在於二維平面，或者原子排列成的甜甜圈的二維表面上。這就好比動物只能活在三維空間中，不可能活在二維空間中，如左圖所示。

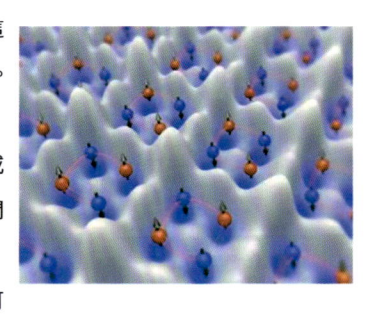

7. 任意子的不正常性質，可以幫助拓撲量子計算擁有「量子糾錯」的神奇能力。不過，量子糾錯涉及太多的工程細節和數學公式，在此就不說明啦！

參考文獻：

1. Dai H N, Yang B, Reingruber A, et al. Four-body ring-exchange interactions and anyonic statistics within a minimal toric-code Hamiltonian[J]. Nature Physics, 2017, 13(12): 1195-1200.
2. 戴漢寧，基於超晶格中量子氣體的量子調控與模擬（講座底稿）。
3. Paredes B, Bloch I. Minimum instances of topological matter in an optical plaquette[J]. Physical Review A, 2008, 77(2): 023603.
4. Dai H N. Four-body Ring-Exchange Interactions & Anyonic Fractional Statistics with Ultracold Atoms in Optical Lattices（講座底稿）。
5. Stern A, Lindner N H. Topological quantum computation—from basic concepts to first experiments[J]. Science, 2013, 339(6124): 1179-1184.

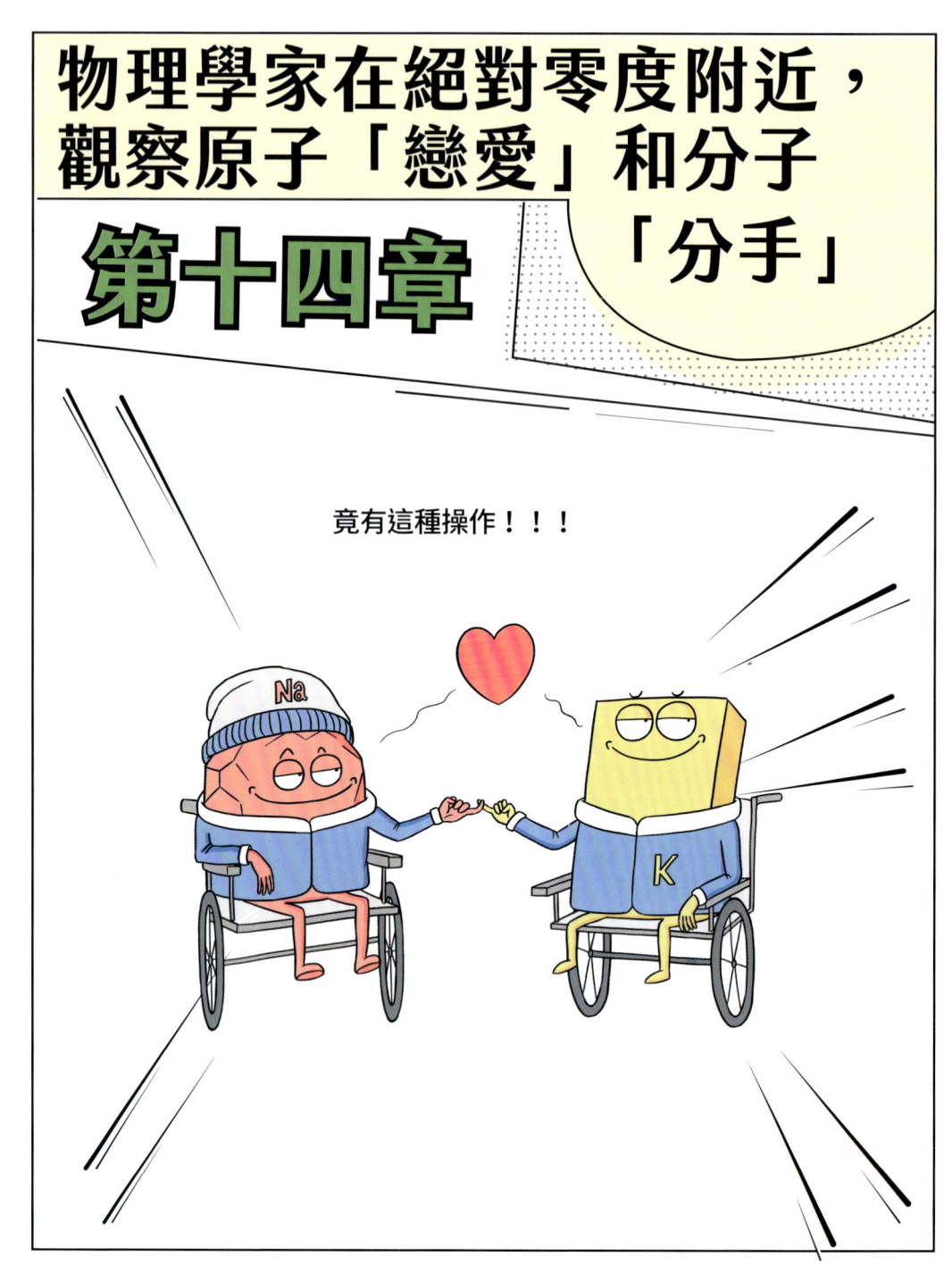

奇妙量子世界：人人都能看懂的量子科學漫畫

第十四章

物理學家在絕對零度附近，觀察原子「戀愛」和分子「分手」

竟有這種操作！！！

第十四章

夏天來了，各地處處是火爐。這個時候，如果能喝上一瓶冰鎮飲料，想必能暫時緩解一下燥熱的心情。

> 好想做一個愛斯基摩山魈，天天吃冰塊喝冰水。

> 我書讀得少，你別嚇唬我！

> 其實人家內心也是火熱的。

> 你知道嗎？在物理學家看來，冰塊其實不夠冷，甚至可以說熱得離譜。

249

奇妙量子世界：人人都能看懂的量子科學漫畫

在常溫下，水是液態的，這是因為水分子具有很大的能量，並且會到處亂跑。

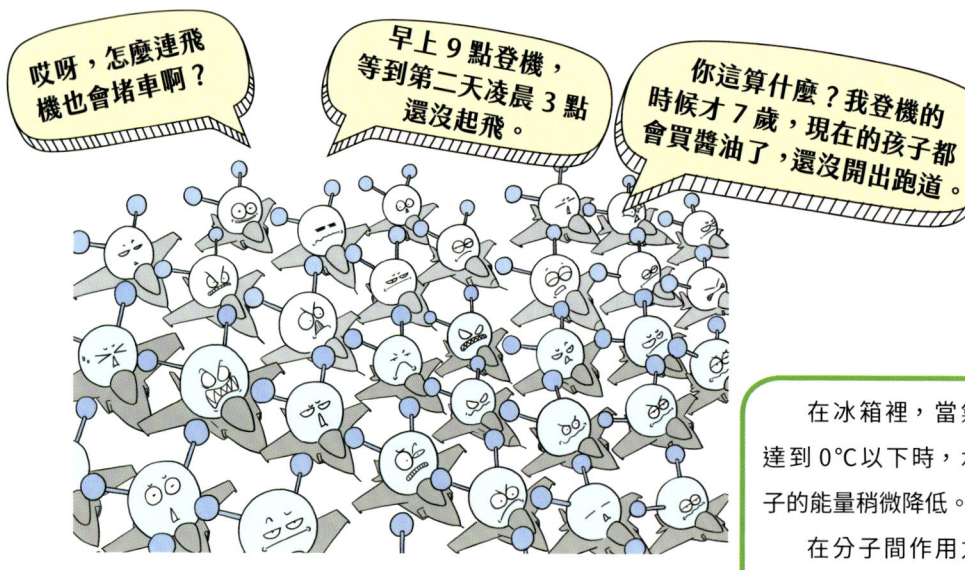

常溫下的水分子

哎呀，怎麼連飛機也會堵車啊？

早上9點登機，等到第二天凌晨3點還沒起飛。

你這算什麼？我登機的時候才7歲，現在的孩子都會買醬油了，還沒開出跑道。

在冰箱裡，當氣溫達到0°C以下時，水分子的能量稍微降低。

在分子間作用力的牽制下，誰都不能亂跑。於是，水就結成了冰。

第十四章

從表面上看，冰塊裡的水分子很安靜。

其實，它們仍然擁有很高的能量。雖然不能亂跑，但它們有各種辦法自娛自樂，要多亂有多亂。

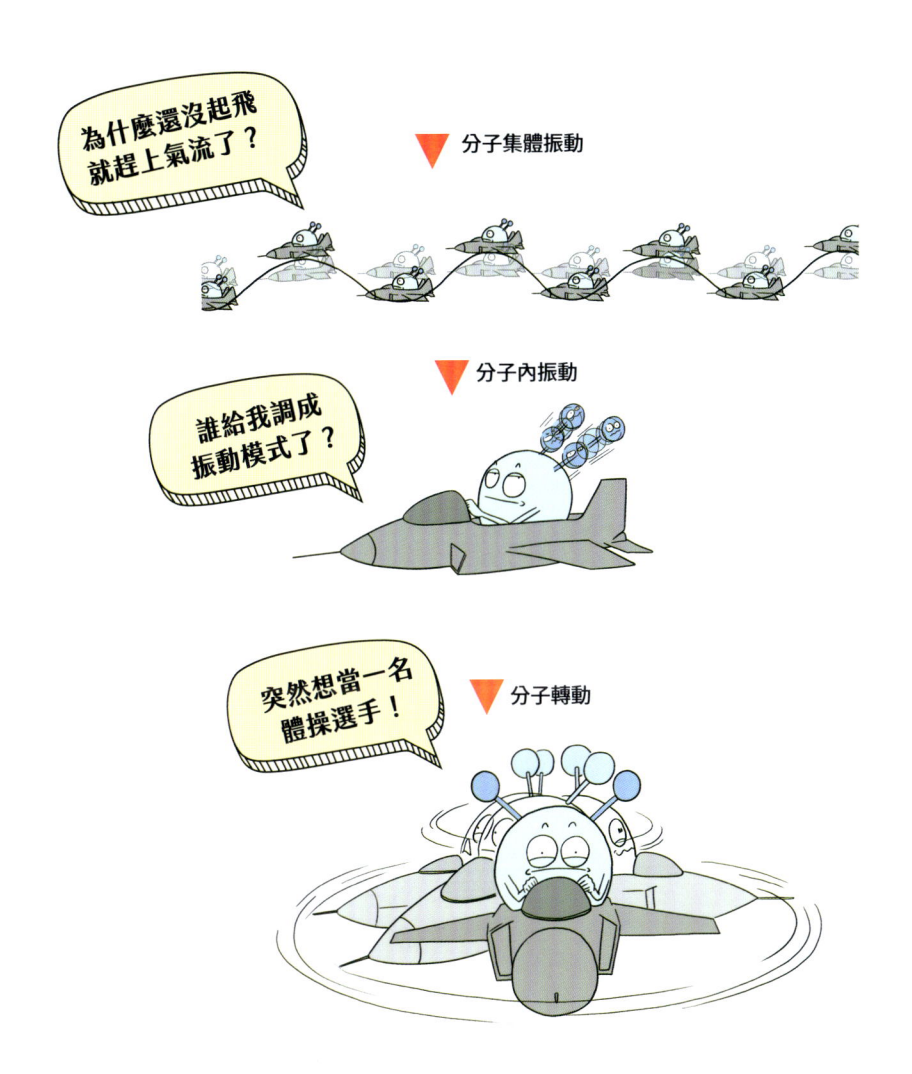

▼ 分子集體振動

為什麼還沒起飛就趕上氣流了？

▼ 分子內振動

誰給我調成振動模式了？

▼ 分子轉動

突然想當一名體操選手！

251

如果想要讓分子儘量不要動，就要繼續降低溫度，奪走分子的能量。

假如溫度能夠降低到 -273.15°C，從理論上講，所有的原子和分子都會停止熱運動。這是物質能達到的最低的溫度，所以叫作**絕對零度**。

在物理學家眼中，絕對零度才是真正的零度。

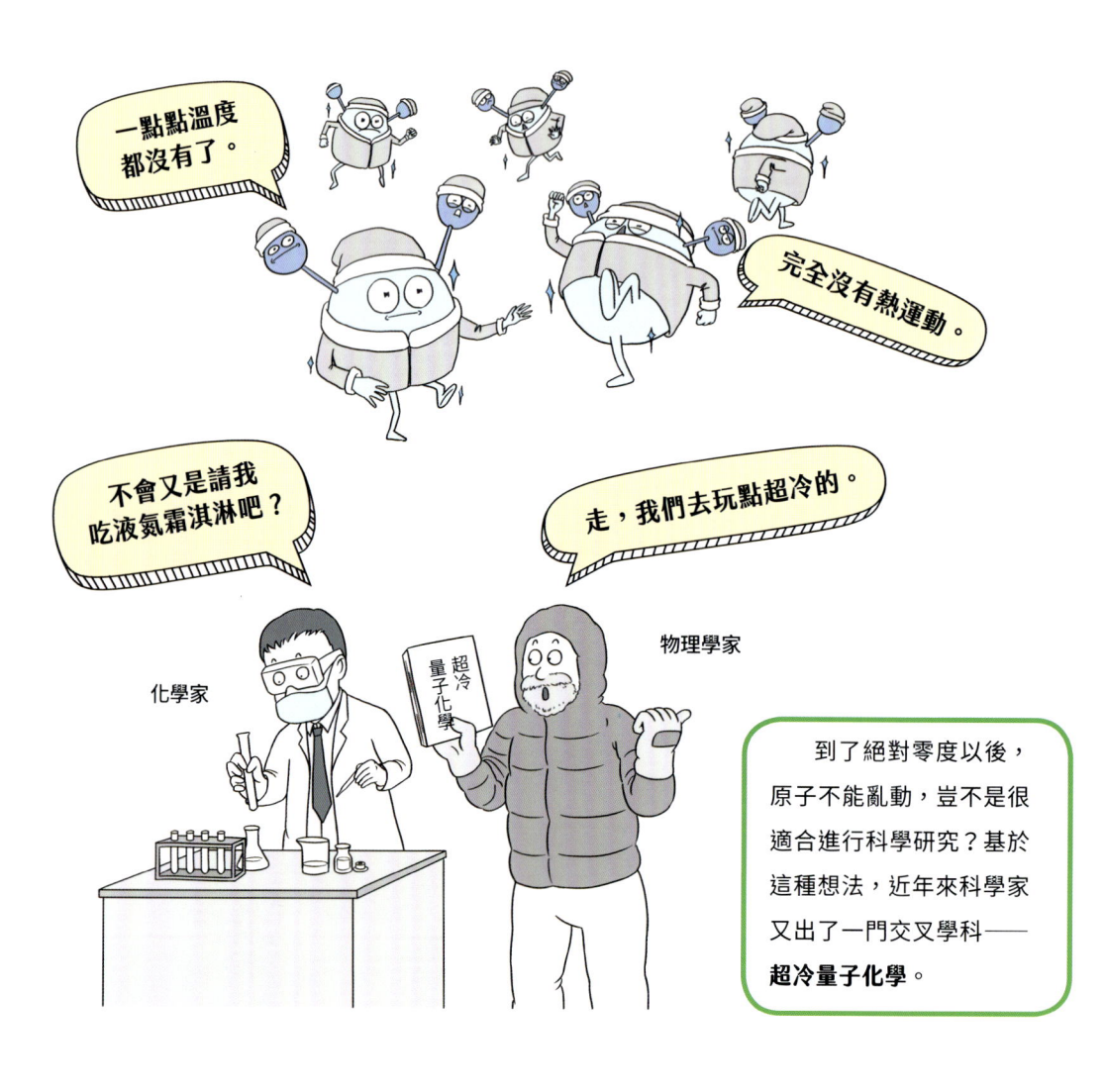

一點點溫度都沒有了。

完全沒有熱運動。

不會又是請我吃液氮霜淇淋吧？

走，我們去玩點超冷的。

化學家

物理學家

超冷量子化學

到了絕對零度以後，原子不能亂動，豈不是很適合進行科學研究？基於這種想法，近年來科學家又出了一門交叉學科——**超冷量子化學**。

第十四章

2017 年 7 月，中國科學技術大學潘建偉教授及其同事趙博、陳宇翱等，在《自然・物理》雜誌上發表了一篇實驗論文，講的是在絕對零度附近，觀察原子間「戀愛」和分子「分手」的行為。

趙博　陳宇翱　　　　潘建偉　學生代表

糟糕，掉進物理學家挖的坑了。

鈉原子
鉀原子

他們透過鐳射冷卻和蒸發冷卻的方法，把 30 萬個鈉原子和 16 萬個鉀原子的溫度降到了絕對零度之上 0.0000005 ℃（即 500nK），然後「囚禁」在一個用鐳射製造的「陷坑」裡。

鈉原子和鉀原子雖然都是鹼性的，但當它們相遇時，也會基於原子間作用力擦出微小的火花，形成一種弱束縛分子。

原子間范爾瓦爾斯力

不如我們湊合著過日子吧！

反正在坑里閒著也是閒著，不如……

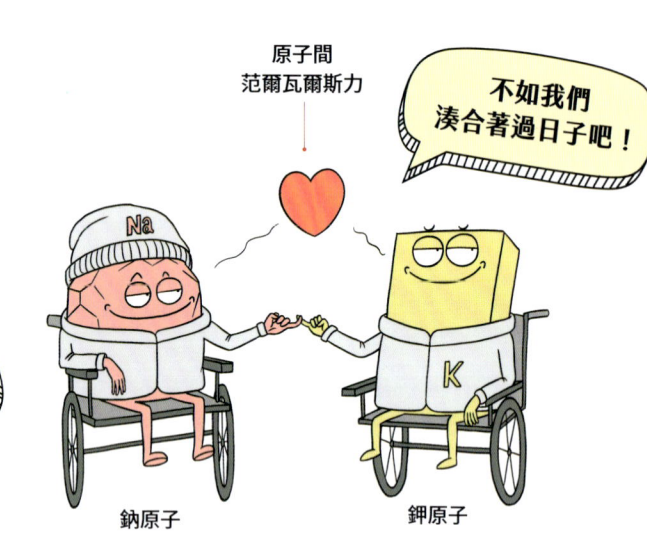

鈉原子　　鉀原子

在平常的溫度下（比如 0°C），鈉原子蒸氣的能量很高，運動速度能超過 400m/s，飛行的速度比民航飛機還要快。

即使它能和鉀原子擦出火花，也不能維持。

討厭，想安安靜靜談個戀愛都不行。

誰叫我們是弱束縛分子呢！

第十四章

如果把溫度降低到絕對零度之上 0.0000005 °C（500nK），鈉原子的能量就會大大降低，運動速度減小到 0.02m/s，爬得像蝸牛一樣慢。

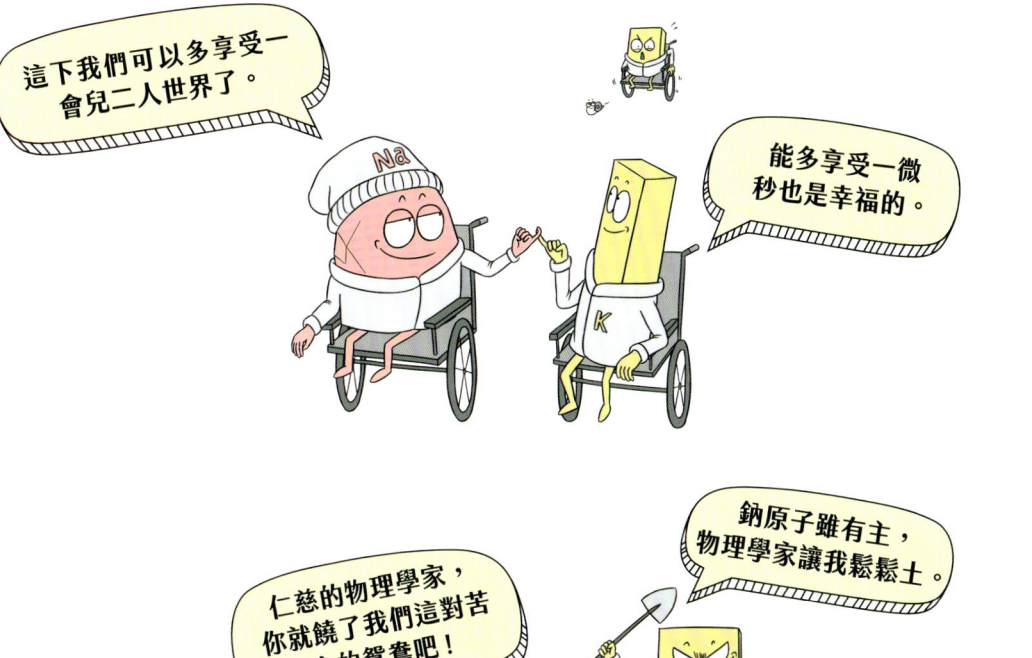

這下我們可以多享受一會兒二人世界了。

能多享受一微秒也是幸福的。

仁慈的物理學家，你就饒了我們這對苦命的鴛鴦吧！

鈉原子雖有主，物理學家讓我鬆鬆土。

別過來，鈉是我的！

然而，物理學家把原子和分子的溫度降得那麼低，並不是為了讓它們扮家家酒。

而是要透過「第三者插足」，無情地拆散它們，並觀察其化學反應的每一步過程。

奇妙量子世界：人人都能看懂的量子科學漫畫

這個「第三者插足」的化學反應，可以簡單地寫成 AB+C→AC+B。
其中 A 是鈉原子，B 是自旋為 -5/2 的鉀原子，C 是自旋為 -3/2 的鉀原子。
也就是說，一個鉀原子上位替換了弱束縛分子中原來的鉀原子。

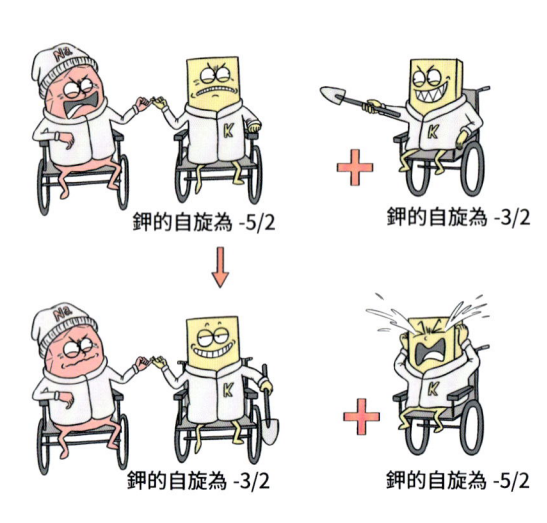

鉀的自旋為 -5/2　　　　鉀的自旋為 -3/2

鉀的自旋為 -3/2　　　　鉀的自旋為 -5/2

有好處？你這價值觀有問題！

這個「第三者插足」的反應看似簡單，但它有一個非常大的好處。

256

第十四章

在之前的超冷量子化學實驗中，科學家無法直接看到反應的產物，因為許多化學反應都會釋放巨大的能量。

超低溫下的原子和分子原來都被「囚禁」在「陷坑」裡，可它們一旦有了足夠的能量，就會遠走高飛，逃出科學家的掌控。

我們能量不夠，怎辦啊？

我有個辦法能逃出去。

你看看人家！多有能耐！

動能減去機械能＞0，我們就能逃出去。

257

奇妙量子世界：人人都能看懂的量子科學漫畫

> 在中國科學技術大學的這個實驗中，科學家還在「陷坑」周圍設置了磁場。
>
> 鈉鉀分子和鉀原子反應時釋放的能量跟磁場大小有關，可以透過磁場進行調節。
>
> 科學家把磁場設定在了 130 高斯（10 000 高斯等於 1 特斯拉）左右（相當於地球磁場的 200 多倍），讓它們的反應儘量少釋放能量，從而保證反應產物都逃不出去，乖乖等著測量。

第十四章

「婚禮開始了!」

「本來新郎應該是我!」

「我禮金都給丈母娘了!」

聯合婚禮典禮

透過這個實驗,科學家在 0.002 秒的時間內,精確觀察了 1 萬多對弱束縛鈉鉀分子,是如何一步一步被「第三者」拆散,又重新組合成新對象的。

科學家不僅第一次觀測到了一個微觀反應通道的完整反應產物,測量到產物產生的動力學過程,並第一次可以根據產物的演化來標定超冷化學反應的行為。

要知道,在常溫下的每一個化學反應中,都包含大量各不相同的微觀通道。化學家只能籠統地做個平均,根本不能在實驗中探究每一個細節,更別說從量子物理的基礎理論進行精確計算了。

在絕對零度附近,原子都被凍成了單個量子態。

它們沒有多少選擇,只能按照物理學家限定的方式,以最簡單的形式碰撞,從一種狀態轉化到另外一種狀態。

所以,物理學家將整個過程觀測、分析得一清二楚。這是第一次在超冷化學反應中觀測到態到態的化學反應。

第十四章

終於有人把實驗做出來了！

中國科學技術大學超冷分子實驗室最初的設計想法，源自 20 世紀 70 年代化學家 W. Stwalley 提出的理論預言。

中國科學技術大學的科學家們從零起步，耗費 3 年半的時間，親自設計、搭建實驗平臺後，僅用了半年時間就取得了目前的實驗成果。

這一次實驗的成功，將化學反應動力學的實驗研究推進到量子水準。

《自然・物理》雜誌的審稿人說：「這個工作是超冷化學領域的一個重要里程碑，將引發化學和物理研究者的興趣。」

W.Stwalley

注釋：

為什麼科學家們會對超冷量子化學這個新課題感興趣呢？

舉個例子，宇宙環境中自然存在的最低溫度僅比絕對零度高大約 3℃，那比這個溫度更低時，化學反應怎樣進行呢？這個問題連科學家也不清楚，因為要想把分子氣體冷卻到這麼低的溫度，其實非常困難。

理論物理學家曾舉了這樣一個例子：分子之間存在一類微弱的量子現象，叫作 Feshbach 共振。量子物理理論曾經預言，這樣的共振可以多達上百個。但是在常溫或者通常的低溫下，由於溫度還不夠低，分子碰撞的通道會平均化，導致這種量子現象在實驗中幾乎一個也觀測不到。

然而，當將分子氣體的溫度降到超低溫以下 (<1mK) 時，分子間只允許以最簡單的通道（S 波或 P 波）進行碰撞，這樣理論分析得到極大簡化。

在經典力學看來，當溫度達到絕對零度時，化學反應就不會發生了。但根據量子力學的原理，在絕對零度下，化學反應仍然可以有效進行。

因此，超低溫下分子反應的實驗研究和理論探索，對於發展量子化學理論，以及認識更複雜的、自然和生命體系中的量子效應是非常有必要的。

參考文獻：

1. Ferlaino F, Knoop S, Grimm R. Ultracold Feshbach molecules[M]//Cold Molecules. CRC Press, 2009: 351-386.
2. Ke H B, Wen P, Wang W H. The correlation between molecular motions and heat capacity in normal ice and water[J]. arXiv preprint arXiv:1111.4608, 2011.
3. Rui J, Yang H, Liu L, et al. Controlled state-to-state atom-exchange reaction in an ultracold atom–dimer mixture[J]. Nature Physics, 2017, 13(7): 699-703.
4. 白澤. 超冷原子分子混合氣中態到態化學反應的觀測 [J/OL]. 墨子沙龍, 2017-7-21.

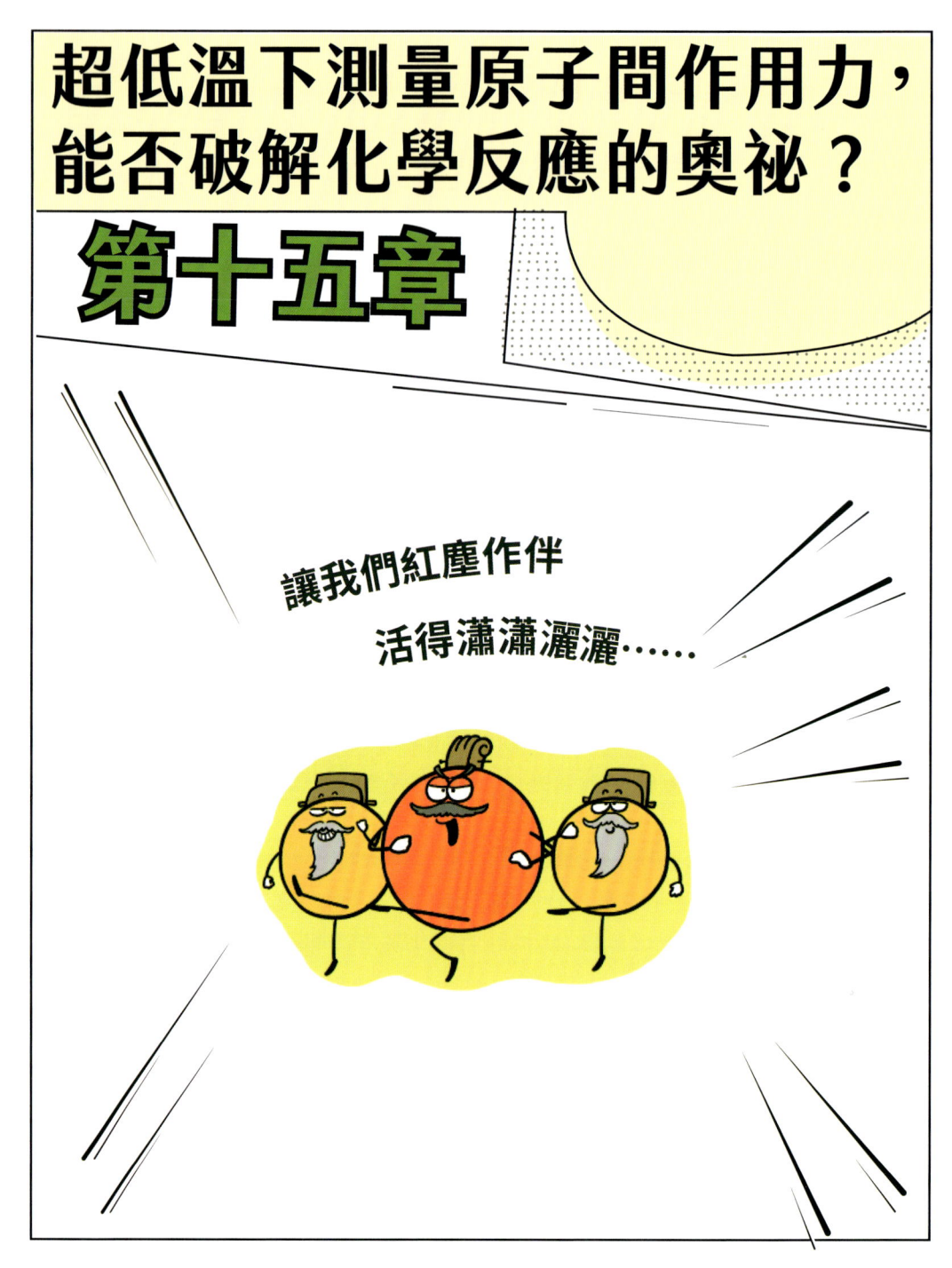

奇妙量子世界：人人都能看懂的量子科學漫畫

超低溫下測量原子間作用力，能否破解化學反應的奧祕？
第十五章

讓我們紅塵作伴

活得瀟瀟灑灑……

第十五章

> 所謂化學反應，就是一堆原子和分子，在**原子間的作用力**的影響下，開始重新排列組合，並改變各自狀態的過程。

哥們，我們結拜做兄弟吧？

大哥，以後你走到哪兒，我們就跟到哪兒。

原子間作用力

碳原子

氧分子

讓我們紅塵作伴，活得瀟瀟灑灑……

好羨慕啊！

二氧化碳

碳原子

奇妙量子世界：人人都能看懂的量子科學漫畫

所以從理論上講，我們可以用描述原子間作用力的物理規律——量子力學來破解每個化學反應的過程。

策馬奔騰……

快幫我弄清他們是如何義結金蘭的！

沒問題！

疼！

二氧化碳

量子力學

求介紹求CP！

求化學反應原理！

薛丁格

碳原子

實在是不明白，你們到底是怎麼結拜的？

我家貓盒子都快按不住了！

我們的兄弟情義豈是你能懂的？

量子力學

到底行不行啊！

二氧化碳

薛丁格

碳原子

然而，雖然量子力學已經誕生了100多年，但科學家還是沒有搞清楚原子之間的作用力究竟是什麼樣的。這是因為，原子間的作用力實在是太複雜了。

第十五章

1 原子的作用力為什麼複雜?

原子間的作用力為什麼這麼複雜呢?主要有兩個原因。

第一,原子的成員太多。你可不要以為原子是一個實心小球。原子可複雜了,裡面有原子核,還有一大堆核外電子。

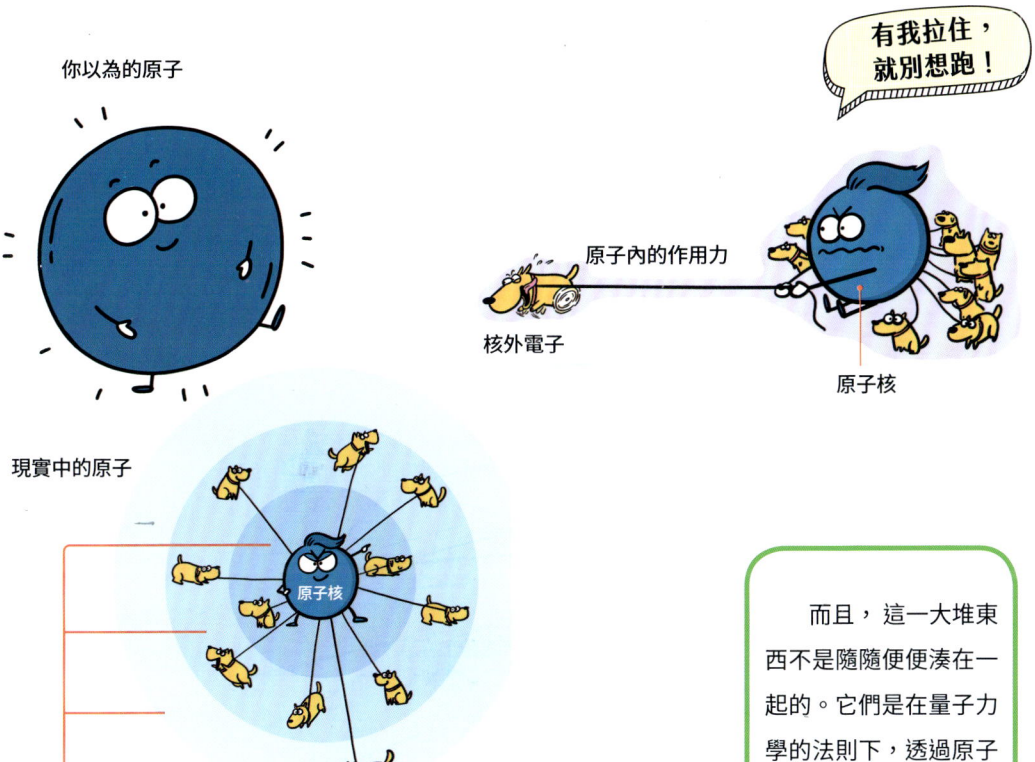

你以為的原子

有我拉住,就別想跑!

原子內的作用力

核外電子

原子核

現實中的原子

原子核

這 3 個區域內的電子統稱為核外電子

而且,這一大堆東西不是隨隨便便湊在一起的。它們是在量子力學的法則下,透過原子內的作用力,組成了一個複雜的量子系統。

奇妙量子世界：人人都能看懂的量子科學漫畫

第二，原子內各個成員的小動作太多。比方說，許多原子核有好幾種辦法自轉，每個核外的外層電子可以在幾個空軌道之間亂竄。

小動作 1：原子核自轉

原子核自轉

原子核

這 2 個區域內為核外的內層電子

這個區域為核外的外層電子

小動作 2：核外的外層電子亂竄

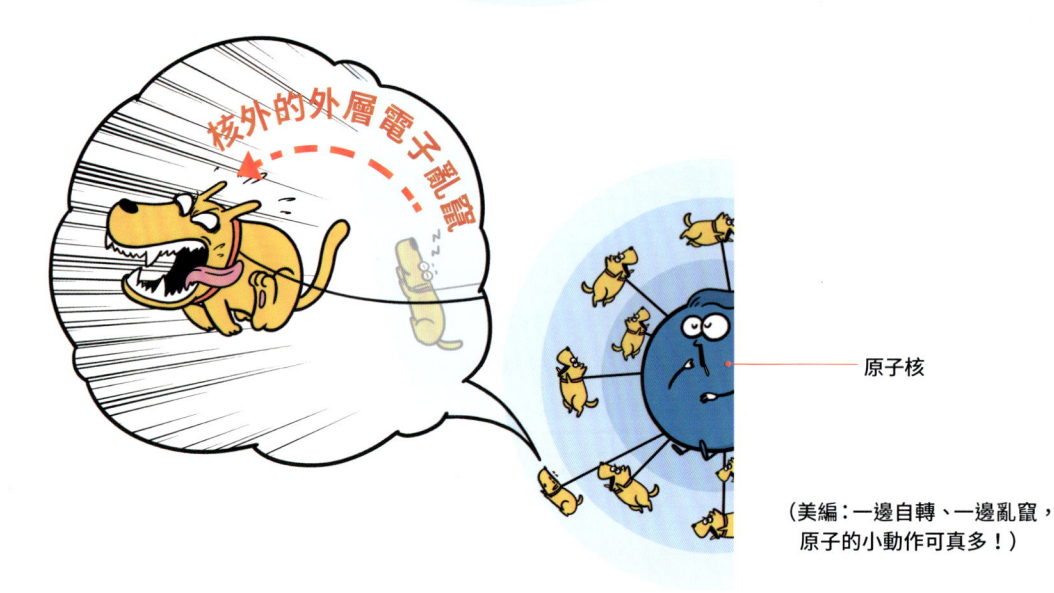

核外的外層電子亂竄

原子核

（美編：一邊自轉、一邊亂竄，原子的小動作可真多！）

266

第十五章

根據量子力學的理論,兩個原子就算成員一模一樣,只要成員的運動狀態不一樣,它們產生的作用力就會不一樣。

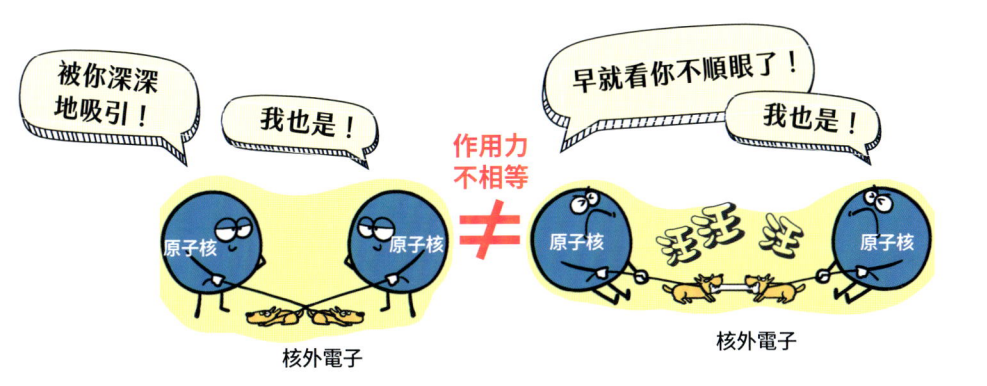

被你深深地吸引!
我也是!
早就看你不順眼了!
我也是!

作用力不相等

原子核　原子核　≠　原子核　原子核

核外電子　　　　　　核外電子

然而,兩個原子的作用力還不是最麻煩的。在化學中,我們會經常遇到 3 個原子、4 個原子的化學反應。

如果你把好幾個原子放一起,把它們主要成員之間的作用力都算上,再考慮到每個成員的運動狀態不一樣……

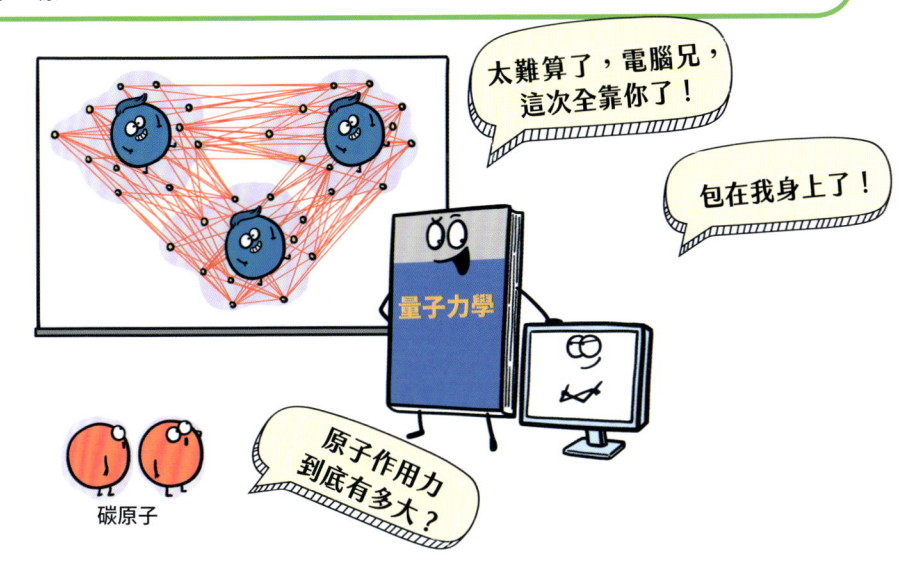

太難算了,電腦兄,這次全靠你了!

包在我身上了!

量子力學

碳原子

原子作用力到底有多大?

267

奇妙量子世界：人人都能看懂的量子科學漫畫

最後你會發現，越算越麻煩，根本不可能用量子力學算清楚其中的作用力到底有多大。別說你算不清楚，就算經典電腦都算不清楚。

那麼，科學家真的沒有辦法研究多個原子之間的作用力了嗎？

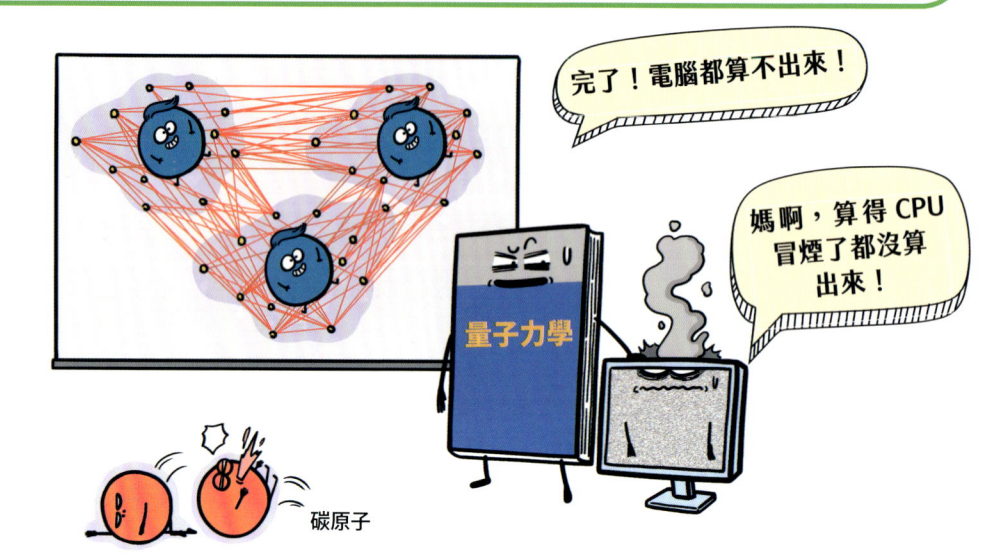

完了！電腦都算不出來！

媽啊，算得CPU冒煙了都沒算出來！

量子力學

碳原子

② 團體的內部活動

辦法倒是有一個，只不過不是直奔主題，而是先繞一個小彎兒，透過研究原子組團後的內部活動，進行間接測量。

比方說，假如幾個原子透過原子間的作用力結合在一起，形成了一個原子團體。

此時，你要是給它們施加一點能量，它們通常會借著這方向，展開各種內部活動，比如：

268

第十五章

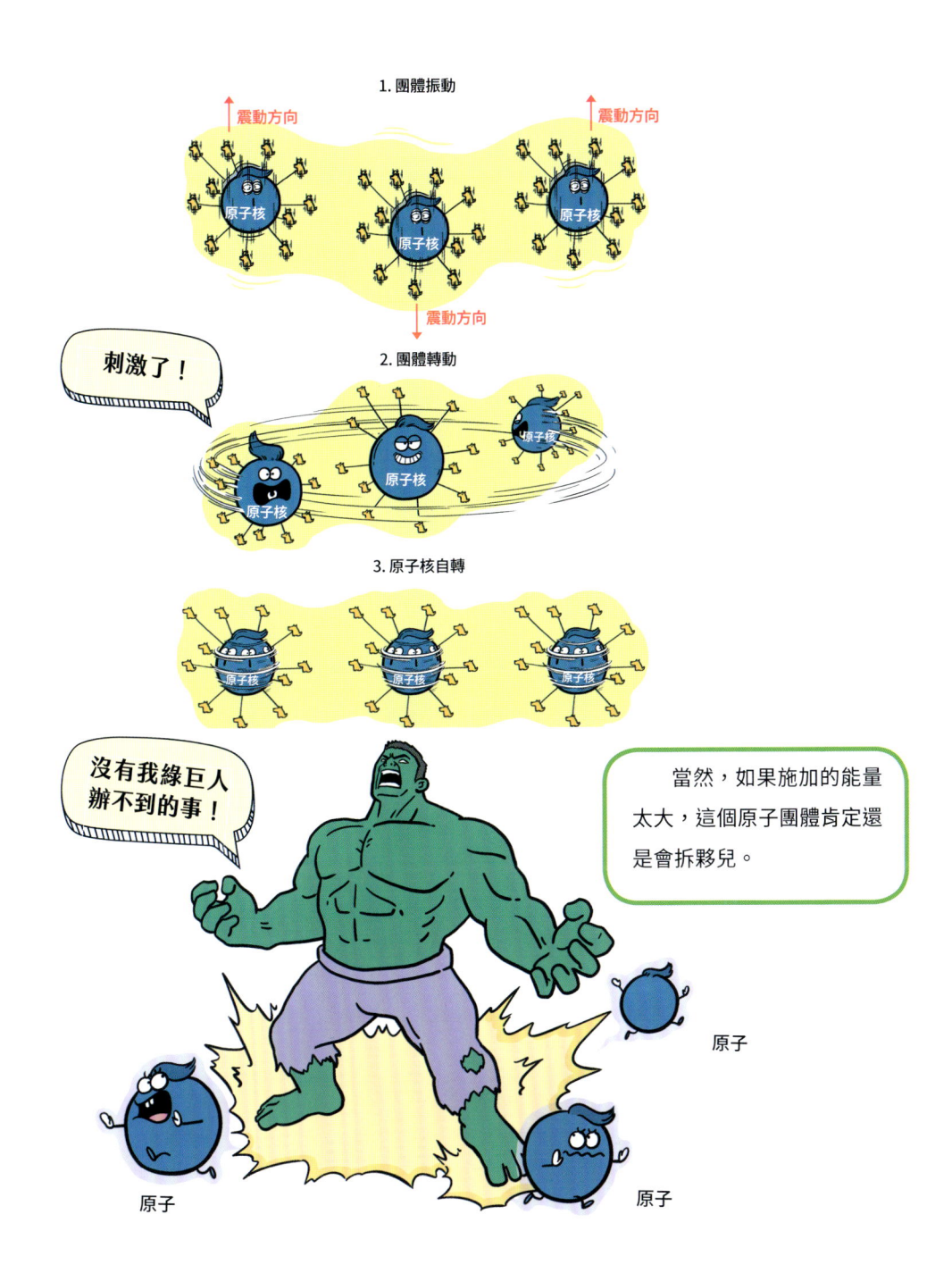

1. 團體振動

↑震動方向　　↑震動方向

原子核　原子核　原子核

↓震動方向

2. 團體轉動

刺激了！

原子核　原子核　原子核

3. 原子核自轉

原子核　原子核　原子核

沒有我綠巨人辦不到的事！

當然，如果施加的能量太大，這個原子團體肯定還是會拆夥兒。

原子　原子　原子

269

但如果施加的能量足夠小,它們就不會拆夥,因為原子間的作用力把它們團結在一起了。

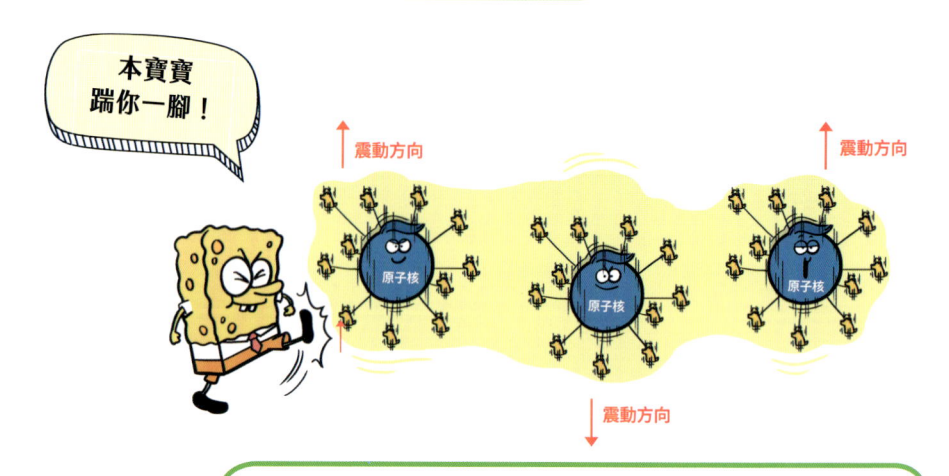

本寶寶踹你一腳!

↑震動方向　↑震動方向

原子核　原子核　原子核

↓震動方向

原子團體有了能量以後仍然沒有拆夥的狀態,叫作**束縛態**。研究原子間作用力的辦法,就藏在原子束縛態的內部活動之中。

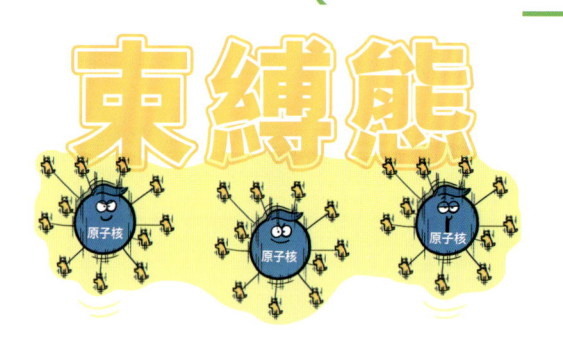

束縛態

原子核　原子核　原子核

這沙發真舒服,給多少錢我都不會換位子的。

打個比方,這就好比一群人組成了一個社會團體。如果他們什麼事也不做,你肯定搞不清楚他們組成的是什麼性質的團體,是什麼樣的力量把他們湊在一起的。

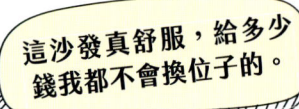

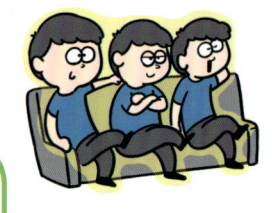

第十五章

這時,你要是給他們一筆小錢(相當於給原子團體一點能量),再觀察他們會拿錢做什麼事,問題就解決了。

哇,好多錢啊!

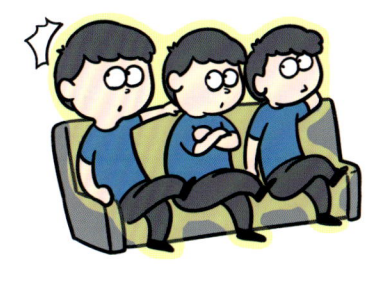

狐朋狗友團體

來 3 杯最貴的酒!

科學研究團體

文藝團體

你問我愛你有多深……

如果他們跑去喝酒、美髮,那他們就是狐朋狗友團體,靠酒肉的力量維繫。如果他們跑去買儀器、做實驗、辦論壇,那他們就是科學研究團體,靠科學的魅力維繫。如果是去唱歌、跳舞、聽戲,那他們就是文藝團體,靠藝術的張力維繫。

奇妙量子世界：人人都能看懂的量子科學漫畫

同樣的道理，為了研究原子間的作用力，科學家必須想辦法讓原子形成束縛態，然後觀察它們會如何開展內部活動。**如果兩種原子團體的內部活動不一樣，那就說明維繫這兩個團體的作用力不一樣。**

那麼，如何才能搞清楚這種束縛態的內部活動呢？

3 費什巴赫共振：一種巧妙的研究辦法

這個問題的研究方法倒是有很多。但都沒有我們接下來要介紹的辦法巧妙。這個巧妙的方法就是以美國核子物理學家費什巴赫 (Herman Feshbach) 冠名的：**費什巴赫共振。**

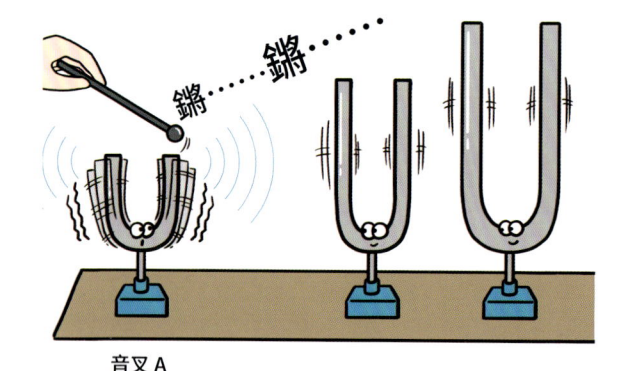

費什巴赫

音叉 A

我們的生活中經常會見到各種共振的現象。比如，如果你敲一個音叉 A，會引起其他音叉也發生振動。但這不是共振。

272

第十五章

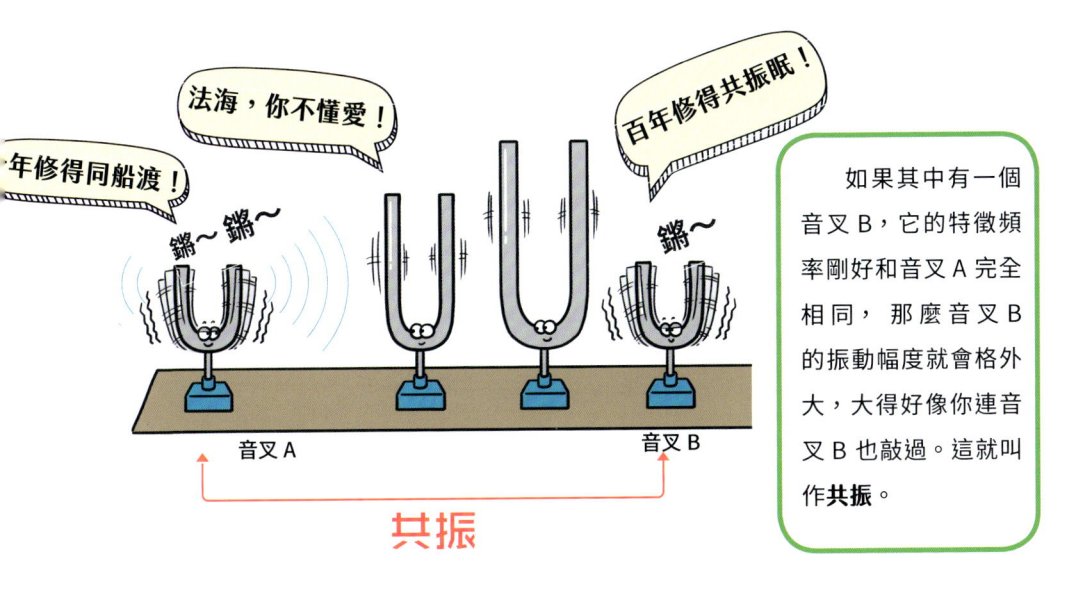

"一年修得同船渡！"

"法海，你不懂愛！"

"百年修得共振眠！"

音叉 A　　　　　　音叉 B

共振

如果其中有一個音叉 B，它的特徵頻率剛好和音叉 A 完全相同，那麼音叉 B 的振動幅度就會格外大，大得好像你連音叉 B 也敲過。這就叫作**共振**。

費什巴赫共振是一種共振現象。通俗的解釋就是，首先，如果你把幾個原子湊在一起，這些原子原本會有一定機率轉化成各種各樣能量更低的狀態，比如「吃糖」、「喝酒」、「美髮」……當然，它們也可能什麼都不做，繼續保持原樣。

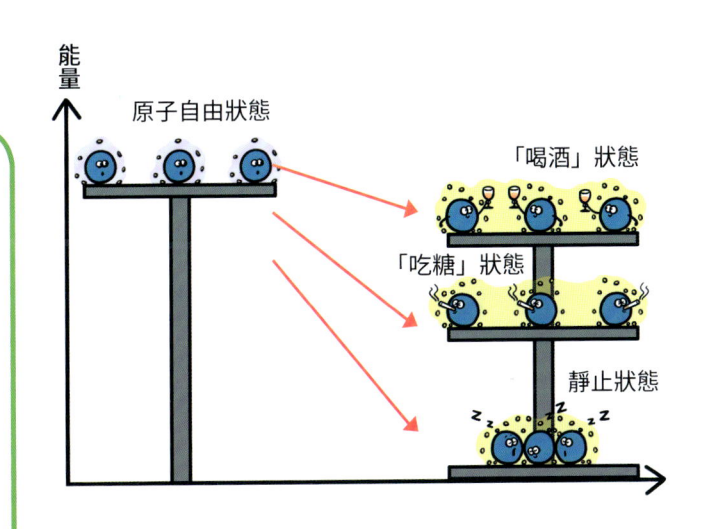

能量

原子自由狀態

「喝酒」狀態

「吃糖」狀態

靜止狀態

273

此時，如果你透過調節外部磁場的大小，使得這幾個原子的總能量，剛好等於「喝酒」狀態的能量，那麼它們形成正在「喝酒」的束縛態的機率就會突然增大，就好像它們就是奔像「喝酒」來的。這就是費什巴赫共振。

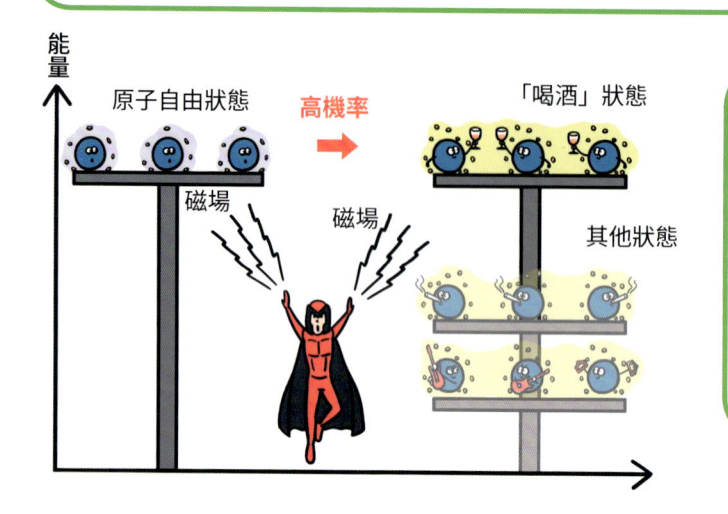

總而言之，費什巴赫共振就是，兩堆原子狀態不同，但它們總能量基本相同，這兩堆原子之間就會相互轉化，發生一種量子力學意義上的共振。

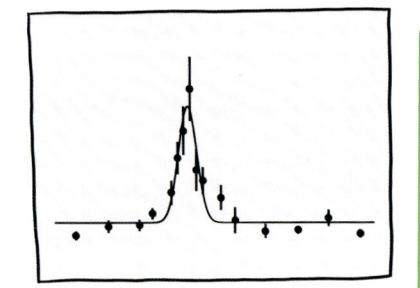

在實驗中，如果自由散漫的原子之間發生了費什巴赫共振，實驗結果就會呈現一個高峰。

如果透過調節磁場，突然發現這麼一個高峰，就說明原子發生了費什巴赫共振，就代表科學家找到了它們內部活動的一種方式。

如果科學家完全找到了它們內部活動的所有方式，那麼科學家就從實驗上破解了這幾個原子之間的相互作用力。

第十五章

4　NaK 分子和 K 原子的首次散射共振

總結一下，要想研究多個原子之間的作用力，靠理論計算太困難了。科學家希望透過實驗的辦法，找到原子組團以後的所有內部活動方式，然後再從中反推原子間作用力的特徵。

其中最巧妙的實驗辦法就是利用費什巴赫共振，直接讓自由的原子轉化成正在進行某個內部活動的束縛態。

萬事俱備，可以開動了！

2019 年，中國科學技術大學潘建偉、趙博研究組在《科學》雜誌上發表了一篇實驗論文。

他們用上面說的那種實驗方法，在 0.000 000 5K 的超低溫下，首次研究了 NaK 分子和 K 原子的費什巴赫共振。換句話說，他們第一次在實驗中間接地測量了 NaK 分子和 K 原子之間的作用力。

275

奇妙量子世界：人人都能看懂的量子科學漫畫

NaK 分子

自由 K 原子

「K-Na-K」組團狀態

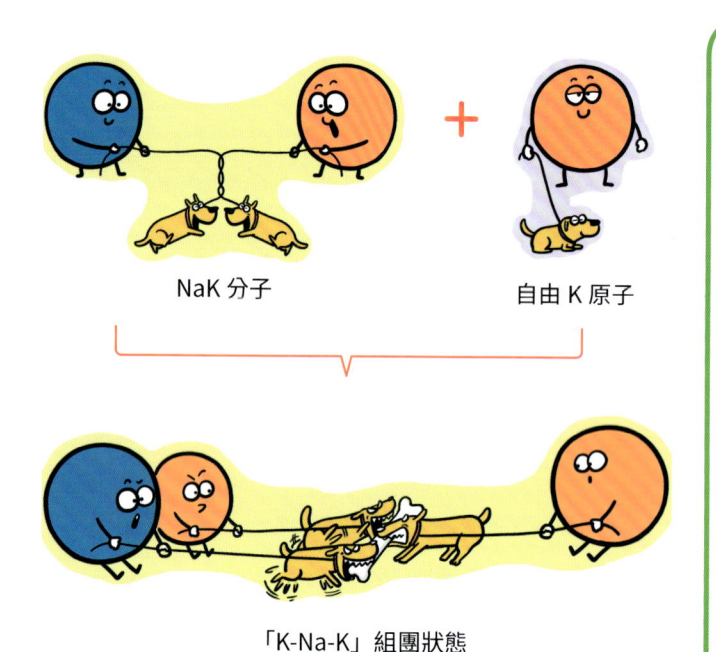

在這個實驗之前，許多科學家用超低溫實驗研究過兩個原子間的作用力。但此前，科學家還沒有直接用超低溫實驗研究過原子和分子之間的作用力。所以，潘建偉、趙博研究組的實驗，**是第一次測量原子和雙原子分子之間的作用力。**

簡單地說，這個實驗就是把各種狀態的 NaK 分子和數量多 10 倍的、各種狀態的自由 K 原子關在一起，看看他們什麼時候會剛好撞成「K-Na-K」組團的狀態。

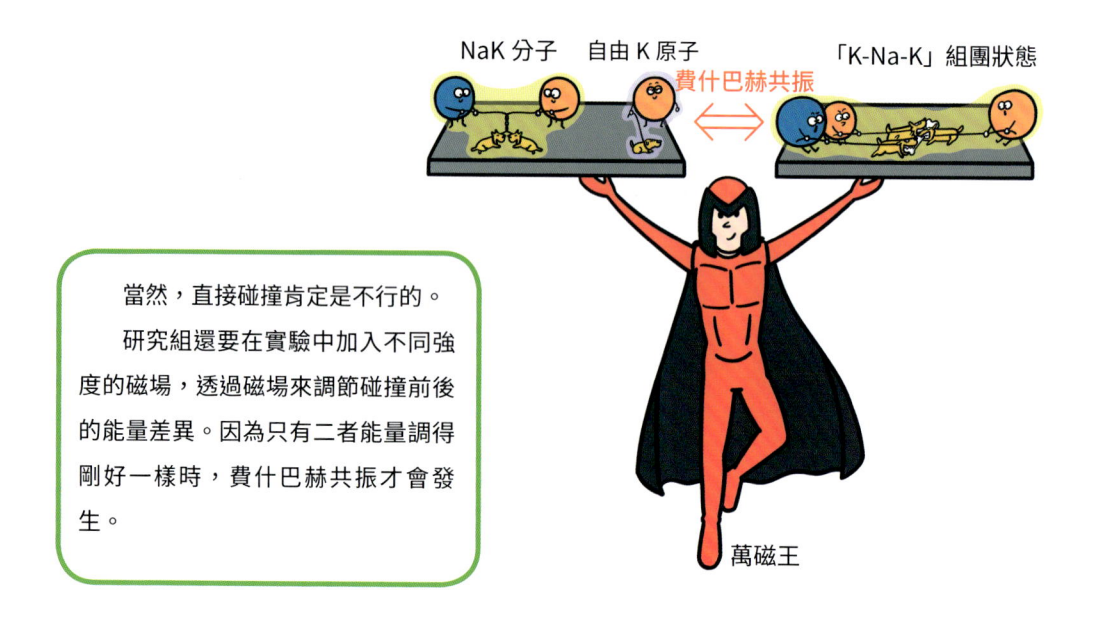

NaK 分子　自由 K 原子　「K-Na-K」組團狀態

費什巴赫共振

當然，直接碰撞肯定是不行的。

研究組還要在實驗中加入不同強度的磁場，透過磁場來調節碰撞前後的能量差異。因為只有二者能量調得剛好一樣時，費什巴赫共振才會發生。

萬磁王

276

第十五章

結果，研究組在不同狀態的 NaK 分子和 K 原子的 4×5=20 種組合中，在 43~120 高斯（10^4 高斯 =1 特斯拉）的磁場之間，共發現了 11 種費什巴赫共振。

換句話說，他們第一次在實驗中發現了「K-Na-K」組團時的 11 種內部活動方式。

這些內部活動方式反映了 NaK 分子和 K 原子之間的作用力，並為理論研究人員研究這種作用力提供了新的實驗依據。

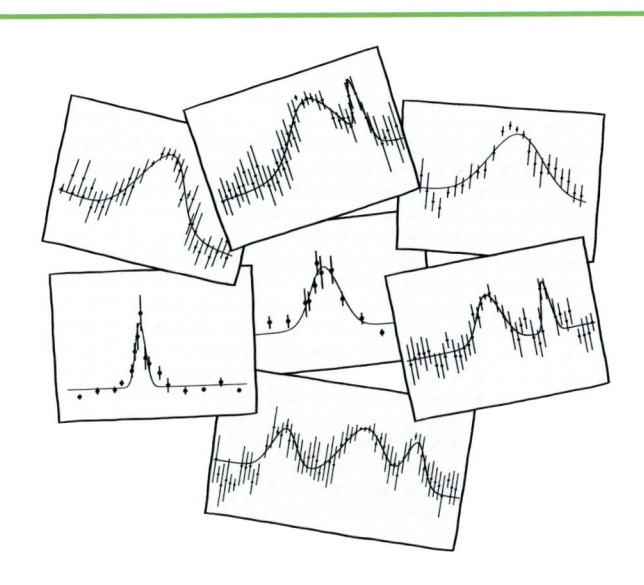

5 在量子力學和化學之間造一座橋

這種將原子、分子冷卻到絕對零度附近，並研究它們相互作用規律的學科，叫作**超冷化學物理**。

超冷化學物理是連接量子力學和化學的一座橋樑。

277

這座橋非常重要。因為所有的化學反應，原則上都可以還原成一大堆原子、分子在量子力學下的碰撞反應。而碰撞的量子性質在超低溫下才會完全顯現出來。如果有一天，科學家學會了用量子力學完全地描述化學反應，他們就可以把其中的計算公式輸入電腦中，在原子層面完全模擬化學反應的每一個步驟和細節。

也許到了那一天，許多化學實驗都不用研究人員花錢來做，用電腦算一下就可以了。研發新材料、新藥物，以及研究生命某個蛋白質分子的過程，也都會變得又快又便宜。

雖然量子力學已經誕生 100 多年，但科學家卻還沒搞清楚複雜的多個原子、分子間的作用力。

這說明，在量子力學和化學之間，存在一個巨大的鴻溝。物理學家和化學家站在鴻溝的兩頭，遲遲不能會師。

因此，無論如何，超冷化學物理的橋樑都必須開工了。

第十五章

當然，沒有人知道這座橋到底應該怎樣施工。因為超冷化學物理還是一個比較原始的科研領域，所有人都在摸索。

科學家現在唯一能做的工作就是，在鴻溝旁邊的荒地上拓荒。沒有路，自己造路；沒有水，自己開井；沒有經驗，自己摸索；沒有工具，自己打造。

中國科學技術大學研究組發現的這 11 種費什巴赫共振，就是他們在超冷化學物理領域的一次成功的拓荒。

在未來，科學家還要長期地開拓這片荒地。總有一天，他們會一根柱子一根樑地建起這座橋樑，徹底破解化學反應的奧祕。

註釋：

1. 在量子力學中，物理學家實際上並不會直接研究幾個原子之間的力，而是會研究幾個原子的「機械能」，看看它們的機械能會如何隨著各種條件而變化。

2. 機械能的變化間接反映了原子間作用力的大小和方向。比方說，當兩個原子的距離很遠時（r >r_0），隨著距離減小，它們的機械能也會逐漸變小。此時，它們之間的力是吸引力。

   當兩個原子近到一定程度時（r < r0），隨著距離減小，它們的機械能就會急劇增大。此時，它們之間的力是排斥力。

3. 考慮到原子是一個立體的結構，右邊那幅「機械能」的示意原本應該畫成一種類似於「三 D 地形圖」的樣子。這叫「機械能面」（potential energy surface）。在超冷化學物理中，物理學家的主要目標就是定量地刻畫多個原子形成束縛態以後的「機械能面」形狀。

   右頁這張圖就是透過電腦做近似計算得出的，3 個氫原子束縛態的能量最低狀態的機械能面（冷色）和某種內部運動狀態的機械能面（暖色）。可以看出，這兩個面在某些位置上發生了交叉。

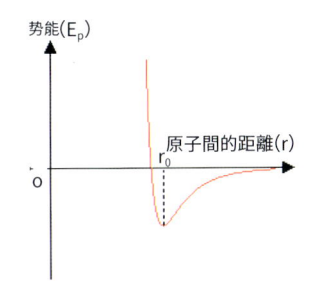

279

氫原子只有一個核外電子。可以想像，3個氫原子的機械能面都這麼複雜，K-Na-K的機械能面應該會更加複雜。

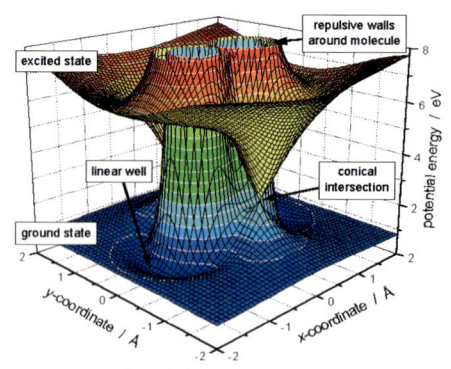

（圖片來源：Dr. Eckart Wrede）

參考文獻：

1. Yang H, Zhang D C, Liu L, et al. Observation of magnetically tunable Feshbach resonances in ultracold 23Na40K+40K collisions[J]. Science, 2019, 363(6424): 261-264.
2. Chin C, Grimm R, Julienne P, et al. Feshbach resonances in ultracold gases[J]. Reviews of Modern Physics, 2010, 82(2): 1225.
3. Mayle M, Ruzic B P, Bohn J L. Statistical aspects of ultracold resonant scattering[J]. Physical Review A, 2012, 85(6): 062712.
4. 無垠荒野中的開拓者——超冷原子量子類比在化學物理研究中的全新工作 [J/OL]. 墨子沙龍，2019-11-17.